丰辉

西扶 1 号坚果

丰辉坚果

薄壳核桃

中核1号坚果

中核1号
雌先型核桃
雌花开放

优质核桃无公害丰产栽培

主　编　曹尚银　郭俊英
副主编　王永法　段成钢
编　者　曹尚银　郭俊英　王永法
　　　　段成钢　杨东华

科学技术文献出版社
Scientific and Technical Documents Publishing House
北京

(京)新登字 130 号

内 容 简 介

本书由中国农业科学院郑州果树研究所研究人员和国内部分专家编著。全书共分 10 章,内容丰富,多以果农栽培成功典型范例,传授国内外优质核桃无公害栽培最新技术,并配有大量的插图和彩图,通俗易懂。

本书可供果农、基层农技推广人员及农林院校师生参考阅读。

科学技术文献出版社是国家科学技术部系统惟一一家中央级综合性科技出版机构,我们所有的努力都是为了使您增长知识和才干。

雄先型核桃成熟的雄花

高接小树丰产状

3年生核桃树

大方块芽接小苗

辽核1号结果状

中核2号结果状

中核4号结果状

中林1号丰产状

目 录

第一章 优质核桃无公害栽培现状及产业化方向 ……（1）
 一、优质核桃无公害栽培现状…………………………（1）
 二、核桃产业化方向……………………………………（5）

第二章 核桃的生物学与生态学特征特性 ……………（8）
 一、生长和结果习性……………………………………（8）
 二、对环境条件的要求…………………………………（30）

第三章 优质核桃无公害栽培对环境条件的要求 ……（36）
 一、无公害栽培的概念…………………………………（37）
 二、农用化学品的主要为害……………………………（43）
 三、发展无公害食品的必要性…………………………（44）
 四、空气环境标准………………………………………（44）
 五、土壤环境质量要求…………………………………（47）
 六、灌溉水质标准………………………………………（48）

第四章 核桃的优良品种 ………………………………（50）
 一、早实核桃品种………………………………………（50）
 二、晚实核桃品种………………………………………（63）
 三、铁核桃品种…………………………………………（67）
 四、国外优良核桃良种…………………………………（69）

第五章　优质核桃无公害丰产栽培园的建立 (71)
　　一、园地的选择 (71)
　　二、园地的规划设计 (74)
　　三、果园栽植技术 (75)

第六章　土壤水肥管理技术 (79)
　　一、土壤管理 (79)
　　二、核桃无公害生产的施肥技术 (81)
　　三、灌水与排水 (86)
　　四、施肥标准及禁用肥料 (89)

第七章　整形修剪技术 (95)
　　一、整形修剪的作用与原则 (95)
　　二、整形修剪的时期、方法和技术 (97)
　　三、核桃幼树的整形修剪 (104)
　　四、核桃成年树的修剪 (110)
　　五、核桃衰老树的修剪 (113)
　　六、核桃放任树的修剪 (115)

第八章　果实处理和加工技术 (119)
　　一、脱青皮 (119)
　　二、坚果漂洗 (119)
　　三、坚果干燥 (120)
　　四、坚果分级 (120)
　　五、取仁方法及核仁分级 (121)
　　六、坚果贮藏 (121)
　　七、核桃仁食品加工 (122)

第九章 低产劣质核桃的高接改优技术………………(125)
　一、高接改优技术 ………………………………(126)
　二、高接改优后的管理 …………………………(129)

第十章 主要病虫害的无公害防治……………………(132)
　一、生产无公害果品的植物保护措施 …………(133)
　二、主要病害及其防治 …………………………(133)
　三、主要害虫及其防治 …………………………(147)
　四、核桃病虫害综合防治 ………………………(174)
　五、农药使用标准及禁用、限用农药……………(182)

附录一 核桃无公害生产周年管理历…………………(185)
附录二 无公害食品 核桃生产技术规程……………(193)
附录三 中国国家标准《核桃丰产与坚果品质》……(195)

参考文献………………………………………………(200)

第一章 优质核桃无公害栽培现状及产业化方向

一、优质核桃无公害栽培现状

核桃是我国主要经济树种之一,栽培历史悠久,分布广泛,资源极为丰富。但长期以来采用种子繁殖,造成核桃结果晚、产量低、品质良莠不齐,优少劣多。我国核桃的生产与世界核桃生产先进的国家相比,还有很大差距。

1. 我国核桃生产现状

我国是核桃原产地之一,已有2000多年的栽培历史。解放前我国核桃产量不足5万吨;新中国诞生后,我国核桃的生产得到了较快的发展,近20多年来一直在稳步增长,发展速度较快。目前,我国核桃面积约120万hm^2,2亿株,其中结果树约1亿株,2001年产量30.98万吨。自1996年开始我国核桃产量上升为世界第一位,23.9万吨;2001年核桃主产国产量见表1-1。

核桃在我国分布广泛,除黑龙江、上海、广东、海南外,其他地区均有栽培。2001年我国核桃产量分布如表1-2,其中,云南、山西、四川、河北是我国核桃生产大省(表1-2)。

表1-1 2001年世界核桃产量

国别	产量(万吨)	国别	产量(万吨)	国别	产量(万吨)
中国	30.0	罗马尼亚	2.5	南斯拉夫	1.5
美国	20.2	法国	2.4	奥地利	1.5
伊朗	14.6	希腊	2.0	白俄罗斯	1.2
土耳其	12.0	墨西哥	2.0	摩洛哥	1.2
乌克兰	5.0	意大利	1.8	摩尔达维亚	1.2
印度	3.0	巴基斯坦	1.8	智利	1.0

表1-2 2001年我国核桃产量情况

序号	省(自治区、直辖市)	产量(吨)	占全国总产量(%)	序号	省(自治区、直辖市)	产量(吨)	占全国总产量(%)
1	云南	68568	27.17	7	陕西	10596	4.20
2	山西	40215	15.94	8	北京	10298	4.08
3	四川	32744	12.96	9	吉林	7783	3.08
4	河北	28761	11.40	10	贵州	7010	2.78
5	河南	13387	5.31	11	山东	6253	2.48
6	新疆	11727	4.65				

注:《中国统计年鉴2002》。

我国核桃栽培主要是普通核桃和铁核桃,铁核桃(又称漾濞核桃、泡核桃)主要分布在云南、贵州全境和四川、湖南、广西的西部及西藏南部,其他地区栽培的均为普通核桃。

2．我国核桃的市场与销售

(1)国际市场

我国的核桃仁,由于颜色乳白,口味香甜,分级细致,在国际市场上倍受青睐。

(2) 国内市场及发展空间

目前我国核桃产量约为 30 万吨,人均占有量 0.23 kg,除出口核桃仁与加工产品外,实际人均消费带壳的核桃仅为 0.2 kg,与美国人均核桃消费量 1.0 kg 相比,仅为 1/5。近年来,我国人民的生活水平不断提高,核桃在国内的价格也在不断提高,说明社会需求在不断增加。如果我国人均核桃消费量达到 1.0 kg,13 亿人口即需要 130 万吨核桃,在目前 30 万吨的基础上翻两番还不能满足,可见发展空间之大。

3. 我国核桃生产存在的主要问题

(1) 种子繁殖,良莠不齐

我国核桃由于长期沿用种子繁殖,形成了遗传上多样性,性状分离现象严重,品质良莠不齐,优少劣多。优良单株的坚果壳薄,出仁率高,仁色浅,风味香,取仁容易。多数核桃壳厚,取仁较难,种仁色泽较深;结果始期早晚不同,多数结果较晚,一般 8~10 年开始结果;单株产量差异悬殊,成龄树少则 1~2 kg,多者 100~200 kg。这种现象致使我国核桃产量低、品质差、效益慢,制约了核桃产业的发展。

(2) 重栽轻管,单产不高

这是多年来一直存在的老问题,有认识上的问题,有体制方面的问题,也有技术和资金方面的问题。面积发展较快,单产增加不快,且产量不够稳定。近几年情况较好,在规划设计上,品种选择上开始考虑了,但在具体操作上较差。总之,不甚理想。因为从品种上看,有些地方仍然栽植实生苗,选购品种苗的地方也不严格。从单产来看,仍然不高,总体平均也没有大的改变。所以说,核桃产业的发展必须引起产区领导和群众的高度重视。

(3) 品种苗木混杂,质量不高

品种问题是核桃生产最重要的问题,其次是核桃园的规划设计问题。这两个问题决定了核桃园的前途和效益。从 1996 年核桃品种嫁接苗批量生产以来,涌现出了不少个体育苗户。苗圃多是好事,但我们的苗圃很不规范,无人监管,谁都可以经营,无须证件,也无须技术和种源,能赚钱就有人去干,也能干成,甚至干的很有"效益"。且不知所带来的问题是无法弥补的,劳民伤财,贻害无穷。

(4)采收较早,果实质量较差

随着树为户有、分散经营形式的出现,核桃产区出现了提早采收的陋习。据调查,目前大部分核桃产区提早采收10天左右,严重的地方早采20d左右。提早采收的核桃种仁瘦瘪,颜色深,涩味重,种仁品质下降,产量每年损失6%左右,且在采后脱青皮、漂洗及晾晒等方面不够重视,因此,坚果质量较差。

(5)病虫害严重

我国核桃多分布在丘陵山区,立地条件较差,加之对核桃园的管理粗放,致使树体高大(冠幅达7~8 m,树高5~6 m),冠内荫蔽,通风透光差,病虫害滋生蔓延。其中最严重的是核桃举肢蛾、芳香木蠹蛾、黄须球小蠹、小吉丁虫、横沟象、云斑天牛、核桃黑斑病和流黑水病。据调查,太行山区及陕西商洛地区举肢蛾危害率达50%,每年有大量核桃被举肢蛾危害而失去商品价值,有些地方几乎全部危害,造成绝收。近年来发展的早实核桃品种病害也较严重,如黑斑病和流黑水病,腐烂病和溃疡病,对核桃生产的发展极为不利。

(6)加工滞后,效益不高

干果生产目的在于创造经济效益,产品加工有利于增加产品附加值。过去山楂生产出现的问题就是由于加工跟不上,市场销售困难,农民不得不砍树。而今苹果的加工跟不上,销路有困难,也开始出现砍树。根据统计,我省现有加工企业1000多个,年加工量约30万吨,约占果品总产量的7.5%,可见加工能力较低。要实现核桃生产的高效益必须使产品变为商品,这一过程正是需要我们努力的。过去传统的、落后的采收处理办法需要做较大的改革,依靠科技才是发展经济的有效方法。

(7)科技投入不够,推广工作薄弱

"八·五"以来,我国在核桃科技方面的投入不够,致使一些障碍核桃生产的关键问题没能及时得到解决。我国从20世纪70年代开始全面品种选育工作,至今晚实核桃的区试工作仍未进行,这是一项极为重要的工作。晚实核桃品种抗病性强,品质好,适应性广,寿命长,应该及早开展区试工作;科技推广工作更显薄弱,从技术成熟度上看,80年代中期实现品种化栽培的条件已经具备,至今尚无大的规模,这与领导决策有关,也与旧的体制管理有关,希望在体制创新方面有新的突破,彻底解放生产力。

二、核桃产业化方向

1. 规范种苗繁育基地,加快品种化栽培进程

我国核桃良种化发展程度很不平衡,品种资源较多,嫁接技术掌握较快的地区,发展较快;相反,品种资源较少,技术落后,甚至对当地主栽品种尚未确定的地区发展就较慢。我国核桃品种化栽培刚刚起步,嫁接技术难度较大,投入较高,对将来经济效益的影响也大,因此必须规范育苗基地。政府部门应加强对核桃种苗繁育基地的管理,依法经营,打击假冒伪劣和坑害百姓的不法苗贩。根据各地土壤、气候特点培育良种壮苗,以加快我国核桃品种化栽培的顺利进行。

2. 加强对现有结果大树的管理,提高产量和品质

目前我国核桃的产量95%产自五、六十年代栽的实生核桃树。近年来发展的良种嫁接苗尚未大量结果。因此加强对老核桃树的管理十分必要。通过各地林业主管部门的组织指导,强化技术培训,使农民充分认识科技管理的重要性,特别是通过示范管理

来用事实说服教育农民,使农民懂得向科技要效益,向管理要效益。通过实施管理技术,即对树上进行修剪,打开光路,去掉无用的细弱枝、雄花枝、病虫枝、回缩交叉枝、重叠枝、冗长枝,更新结果枝组。对老树皮、伤口进行刮治。全树进行喷药消毒;对树下进行深翻改土,施肥浇水,特别要增加秸秆肥,改善地下根系生长环境,使树上树下形成良性循环,确实提高核桃的产量、品质和效益。

3. 管好小树,高标准建立集约化核桃丰产园

对近年来发展的新核桃树要倍加关注,新建园绝大多数为优良品种,但存在品种混杂、大小不匀、密度较小等问题。这些问题如果不加以解决,今后效益仍然很差,会出现缺苗断垄、成熟期不一致、病虫害泛滥等问题。因此各地要引起高度重视,对新建园要高起点、高标准,实行规范化管理,生产出符合国内外市场需求的优质核桃。

4. 加强营养宣传,提高国民消费水平

核桃做为保健果品很早就被国内外所认识,我国对核桃有"万岁子"、"长寿果"的美称,国外有人称之为"大力士食品"等。我国名医李时珍说核桃仁有"补血养气,润燥化痰,益命门,利三焦,温肺润肠"等功效,2001年7月13日巴黎出版的《阿拉伯祖国》周刊发表文章说,美国的一份最新科学研究报告强调,由于核桃含有对血栓和心悸有积极作用的单酸,可有效降低血液中的有害胆固醇,因此,吃核桃有助于保护心脏和血管。

另从有关儿童营养报道讲,我国38%的儿童缺乏蛋白质营养。核桃仁中含有人体所必须的8种氨基酸。我们应加强核桃营养作用的宣传,核桃为我国生产,也为国民健康之用。如果在国民营养结构的调整中,提高核桃仁的消费水平,不仅可以提高国民素质,还可促进核桃产业的发展。

5. 开发核桃新产品,拓宽核桃大市场

核桃仁营养价值很高,但由于过去核桃壳较厚,取仁较难,取

食不便等原因,人们对核桃仁的消费量很少。从核桃仁的加工产品来看,群众喜爱、营养保留、味道好、价格适中的种类不多,限制了对核仁营养的吸收。加强研究开发核仁系列加工品,如核桃乳、核桃酱、速溶核桃粉、核桃油(国际上最好的油)等,将有利于提高国民对核桃的消费量,同时对于增强国民体质,开发儿童智力,拓宽国内外核桃大市场具有重要经济意义。

第二章 核桃的生物学与生态学特征特性

一、生长和结果习性

(一)生命周期

核桃树寿命长,几百年生大树仍能结实。如云南省丽江金金庄乡一株 200 年生的核桃树,树体高大(高 23 m,干径 2.7 m,冠径 25.4 m),年产坚果约 500 kg;西藏自治区郎县 300 多年生的核桃树(朗洞 4 号)年结果量仍达 400 kg 左右;西藏自治区加查县有一株 970 多年生的老核桃树,树干未朽,每年可产坚果约 50 kg。西藏自治区米林县一株因火烧劈成三杈的核桃古树,现仍生长旺盛。

依据核桃一生中树体生长发育特征呈现的显著变化,可将其划分为 4 个年龄时期。

1. 生长期

从苗木定植到开始开花结实之前,称为生长期。这一时期的长短,因核桃品种或类型的不同差异甚大。一般晚实型实生核桃 7~10 年,铁核桃 10~15 年,两者的嫁接苗也需 5~8 年;而早实型核桃生长期甚短,播种后 2~3 年就可开花结果(彩图),有的甚至在播种当年就能开花。生长期的特征是树体离心生长旺盛,枝姿直立,一年中有 2~3 次生长,有时因停止生长较晚,越冬时易抽条。这一时期在栽培管理上既要从整体上加强其营养生长,注意整形使其尽快形成牢固而均衡的骨架,扩大树冠;又要对非骨干枝条加以控制或缓放,促使提早开花结实。

2. 生长结果期

从开始结果到大量结果以前,称为生长结果期。这一时期,树体生长旺盛,枝条大量增加,随着结实量的增多,分枝角度逐渐开张,直至离心生长渐缓,树体基本稳定,晚实核桃为7~20年,铁核桃为12~24年,或更晚一些。王汉涛等调查表明,晚实型核桃树15年前冠幅增长快,属于营养生长的旺盛期;方文亮等调查表明,铁核桃在结果量逐年增长的同时,营养生长仍很旺盛,离心生长增强。刘万生等观察表明,早实核桃6年生以前的分枝数量大体倍数增加,以后增长幅度逐渐减少,但结果枝绝对显著增加。此期栽培的主要任务在于加强综合管理,促进树体成形和增加果实产量。

3. 盛果期

盛果期的主要特征是果实产量逐渐达到高峰并持续稳定。早实核桃8~12年,晚实核桃15~20年,铁核桃(栽培型)约25年时开始进入盛果期。核桃和铁核桃树的盛果期可持续很长时间。

表 2-1 晚实核桃丰产指标

产量 树龄(年)	泡核桃		核桃			
			Ⅰ类产区		Ⅱ类产区	Ⅲ类产区
	平均株产(kg)	每公顷产(kg)	平均株产(kg)	每公顷产(kg)	平均株产(kg)	每公顷产(kg)
≤15	8	1170	5	825	3	765
16~20	19	2580	12	1920	5	1275
21~30	33	3480	18	2700	9	1710
31~40	43	3885	22	3000	12	1770
41~50	50	4035	25	3195	14	1815

续表

产量	泡核桃		核桃			
	I 类产区		II 类产区		III 类产区	
树龄(年)	平均株产(kg)	每公顷产(kg)	平均株产(kg)	每公顷产(kg)	平均株产(kg)	每公顷产(kg)
51~60	55	4095	27	3240	16	1845
61~70	58	4095	28	3240	18	1845
71~80	60	4095	29	3240	19	1845
81~90	62	4095	30	3240	20	1845
≥91	63	4095	31	3240	21	1845

注：此表引自《核桃丰产与坚果品质》国家标准。核桃II类产区指晋、陕、甘地区；I类产区指辽、冀、鲁沿(近)海产区。

王汉涛、罗秀钧对河南安阳、洛阳、郑州、新乡、卢氏等五个地区630株核桃树的调查表明，核桃树16年生开始产量速增，40~90年生达结果高峰期，60年生以后进入高产稳产期。据中国《核桃丰产与坚果品质》国家标准中晚实核桃丰产指标表明，不仅核桃，而且泡核桃的果实产量增长和稳产趋势也同上述调查结论相一致。早实核桃引入内地时间短，尚缺数据，而在新疆的一些早实核桃原株，80~100年生时仍能大量结实。盛果期树的树体主要特征是树冠和根系伸展都达最大限度，并开始呈现内膛枝干枯，结果部位外移和局部交替结果等现象。这一时期是核桃树一生中产生最大经济效益的时期。栽培的主要任务是加强综合管理，保持树体健壮，防止结果部位过分外移，及时培养与更新结果枝组，乃至更新部分衰弱的次级骨干枝，以维持高额而稳定的产量，延长盛果期年限。

4. 衰老更新期

果实产量明显下降，骨干枝开始枯死，后部发生更新枝，表示进入衰老更新期。本期开始的早晚与立地和栽培条件有关；晚实核桃和铁核桃从 80～100 年开始,早实核桃进入衰老更新期较早。初期表现为主枝末端和侧枝开始枯死,树冠体积缩小,内膛发生较多的徒长枝,出现向心更新,产量递减;后期则骨干枝发生大量更新枝,经过多次更新后,树势显著衰弱,产量也急剧下降。这一年龄时期栽培管理的主要任务是在加强土肥水管理和树体保护的基础上,有计划地进行骨干枝更新,形成新的树冠,恢复树势,以保持一定的产量并延长其经济寿命。核桃树衰老更新期开始的早晚与持续的长短因品种、立地条件和管理水平不同而相差甚多。

(二)生长特性

1. 根系生长特点

核桃是深根性树种,其根系发达,分布深广。在土层深厚的黄土台地上,晚实核桃成年树主根可深达 6 m,侧根水平伸展半径可超过 14 m,根冠比(T/R)可达 2 或更多(表 2-2)。

表 2-2 核桃根系和冠幅的关系(北京林学院,1983)

树龄(年)	土层厚度(cm)	冠幅半径(m)	根幅半径(m)	根幅/冠幅
20	41	4.2	9.5	2.3
25	32	4.3	7.0	1.6
25	60	5.0	14.0	2.8
45	20	2.4	5.0	2.1
45	61	4.8	11.0	2.2
>80	52	8.4	14.0	1.7
>80	51	5.7	13.3	2.3

实生苗在 1～2 年生时,主根生长较快,而地上部分生长缓慢。河北农业大学的调查表明,1 年生核桃苗主根垂直生长的每花序着花为干高的 5.33 倍,2 年生时为干高的 2.21 倍,3 年生以后根

系水平生长开始加快。

不同品种和类型的核桃幼苗根系生长表现有较大的差别。在相同立地和栽培条件下,2年生苗木的主根深度和根幅,早实核桃均大于晚实核桃(梁玉堂,1962),见表2-3。杜国强(1991)研究表明,早实核桃根系活力显著高于晚实核桃(表2-4)。早实核桃苗较发达的根系和较强的根系活力,有利于水分、养分的吸收、合成与贮藏,是其得以早实的一个重要基础条件。

表2-3 早实和晚实核桃实生苗木根系比较表(梁玉堂)

核桃类型	苗龄(年)	主根直径(cm)	主根深度(cm)	平均根幅(cm)	根系干重(g)	备注
早实	2	5.0	190.0	287.5	366.6	已结实
晚实	2	4.1	135.0	242.5	237.9	未结实

表2-4 两类核桃实生苗根系活力比较(单位:mg/100 g FW)

类型\树龄	1	2	3
早实	64.5	78.5	86.0
晚实	39.5	53.5	62.0

注:引自杜国强《早实核桃生长及生理生化特性的研究》。

核桃树侧生根系主要集中分布于20~60 cm的土层中,约占总根量的80%以上(表2-5)。

成年核桃树根系水平分布,主要在以树干为圆心的半径4 m范围内,大体与树冠边缘相一致(表2-6)。随着与树干距离的增加,各级根系数量均呈直线减少之势。

核桃根系生长状况与立地条件,尤其土层厚度、石砾含量、地下水位状况有密切关系。据北京林学院调查(1983),在细土粒少而含有石块、石砾及沙混合物的砾石滩地,核桃主要根系分布在直径约1m的客土植穴范围内,穿出穴外者极少。在这种条件下,10

年生核桃树高仅 2.5 m 左右,成为"小老树"。

表 2-5 核桃冠缘下土壤中侧生根系的分布(北京林学院,1980)

树龄 (年)	土壤剖面与树干 距离 (m)	根系分布		
		土层深度 (cm)	根量	
			条数	占%
25	4.0	0~20	0	0
		21~40	24	47.1
		41~60	18	35.3
		61~70	9	17.6
		71~100	0	0
100	6.0	0~20	3	6.4
		21~40	14	29.8
		41~60	30	63.8
		>61	0	0

注:在树冠下沿切线挖长 1 m,深达母质的剖面,分层统计根系数量。

核桃具有菌根。Mazur(1968)对核桃研究,以及矢征雄(1978)对心形核桃和吉宝核桃研究,均认为核桃菌根为内生菌根。前苏联学者报道,核桃菌根比正常吸收根短 8 倍,粗 1.3 倍,集中分布在 30 cm 土层中。土壤含水量为 40%~50% 时,菌根发育最好,树高、干径、根系和叶片的生长均与菌根的发育呈正相关。

2. 枝、干生长特性

1)枝茎生长 实生核桃苗初期茎生长缓慢。据观察(龙毓珍,1965),核桃苗木茎的生长特点是:胚芽伸出后,茎生长时慢时快,慢时生长几乎停滞,通常在第 3 片复叶展叶后开始第 1 次停止生长,此后,每长出 1 片复叶,茎生长停滞 4~5 天,主茎生长缓慢时复叶长大。

表 2-6 核桃根系水平分布数量与树干距离的关系
(北京林学院,1983)

样株号	树龄(年)	树冠半径(m)	土壤剖面与树干距离(m)	根系数量(条) <2 mm	2.1~5 mm	5.1~10 mm	>10 mm	合计	各剖面根量总计(条)	各剖面根量占%
大Ⅳ	25	4.3	2.0	104	6	1	1	112	172	65.1
			4.0	45	3	1	1	50		29.0
			6.0	10	0	0	0	10		5.9
大Ⅴ	25	3.3	2.0	61	9	2	2	74	148	50.0
			4.0	45	3	3	0	51		34.5
			6.0	21	1	1	0	23		15.5
房A	20	4.2	2.0	51	1	0	1	53	33	39.8
			4.0	47	2	2	1	52		39.1
			6.0	24	3	1	0	28		21.1
房C	30	4.2	2.0	66	4	2	1	73	125	58.4
			4.0	28	3	1	0	32		25.6
			6.0	19	0	1	0	20		16.0
大对	80~100	4.2	2.0	92	3	2	2	99	212	46.7
			4.0	81	4	2	1	88		41.5
			10.0	25	0	0	0	25		11.8
大Ⅰ	80~100	8.4	2.0	156	11	3	4	177	387	45.7
			4.0	105	8	1	2	116		30.0
			10.0	61	12	2	2	77		20.0
			14.0	17	0	0	0	17		4.3

在第一个年生长周期中,茎干以7月末至8月中旬生长最快,

但出土晚(5月下旬以后出土的)的苗木,6月末茎部就停止生长,苗木质量显著降低。晚实核桃苗到第3年地上部分才开始连续加速生长,而早实核桃苗一般1~2年生时地上部分生长量较大(表2-7)。

晚实核桃实生苗发生侧枝年龄较晚,一般在3年生时开始分生侧枝;早实核桃发生分枝较早,1年生即可有10%左右植株产生侧枝。凡1年生产生分枝的早实型核桃,2年生时大多可开花结实,第2年分枝的,第3年多开花结实。

表2-7 早实和晚实核桃幼树茎生长比较(梁玉堂,1981)

核桃类型	1年生	2年生		3年生		备注
	平均高(cm)	平均高(cm)	地径(cm)	平均高(cm)	地径(cm)	
早实	52.6	139.1	3.1	255.1	4.7	薄壳核桃
晚实	20.0	58.1	2.4	175.4	3.2	薄壳核桃

核桃枝条的生长与树龄、营养状况、着生部位有关。生长期或生长结果期树上的健壮发育枝,年周期内可有两次生长(春梢和秋梢);长势较弱的枝条,只有一次生长。二次生长现象随着年龄的增长而减弱。核桃枝条顶端优势较强,一般萌芽力和成枝力较弱,但因类群和品种的不同而异,早实核桃往往强于晚实核桃。刘万生等(1985)的观察表明,早实核桃树生长初期,其新枝数量与树龄呈现明显的正相差,但发生新枝数量株间差异较大,其变异率在40%以上。

核桃树背后枝(倒拉枝)吸水力强,生长旺盛,易强于背上枝,是不同于其他树种的一个重要特性。在栽培中应注意控制或利用,以免扰乱树形,影响骨干枝生长。核桃树1年生枝髓心较大,如停止生长过迟,木质化程度差,越冬后易抽条干梢。

成年核桃树的树冠外围枝大多着生混合芽,翌春顶芽萌生结果枝,侧芽萌发枝条延伸,以利于合轴分枝类型,容易形成树冠表面结果枝层。

树枝干受到损伤时容易产生伤流,伤流量以落叶至萌芽初期最盛。据河南省济源林业试验站的观察(1982),核桃伤流的年变化与物候期密切相关,伤流的起止时间,随落叶期、萌芽期的推迟或提早而变化,通常从落叶前10天左右开始,到萌芽前10天左右停止。嫁接时应注意避开伤流期,或采取控制(提前"放水"等)措施。

核桃树的枝条可分为下列几种:

(1)营养枝 又称生长枝。系指只着生叶芽和复叶的枝条,可分为发育枝和徒长枝2种。发育枝是由上年的叶芽萌发形成的健壮营养枝,顶芽为叶芽,萌发后只抽枝不结果,它是形成骨干枝,扩大树冠,增强营养面积和形成结果母枝的主要枝类。徒长枝是由主干或多年生枝上的休眠芽(潜伏芽)萌发形成,分枝角度小,生长直立,节间长,枝条当年生长量大,但不充实。对徒长枝应加以控制,疏除或利用它黑心为结果枝组等。然而,它却是老树赖以更新复壮的主要枝类。

(2)结果母枝和结果枝 着生混合芽的枝条称为结果母枝;由混合芽萌发抽生的枝条顶端着生雌花的称为结果枝。晚实核桃的结果母枝仅顶芽及其以下2~3芽为混合芽;早实核桃的粗壮结果母枝,其侧芽均可形成混合芽。由健壮的结果母枝上抽生的结果枝,在结果的同时仍能形成混合芽,可连年结实。

(3)雄花枝 只顶芽为叶芽,侧芽均为雄花芽的枝条。雄花枝多较细弱,在树冠内膛、弱树、老树上友邻花枝数量较多。

2)芽类及其功能

(1)叶芽 萌发后只抽枝长叶。营养枝顶端着生的叶芽芽体大,呈圆锥形或三角形(铁核桃);侧生叶芽芽体较小,呈圆球形或扁圆形(铁核桃)。着生于枝条上端的叶芽可萌发抽枝,着生于枝的中下部的芽萌发后常干枯脱落或不萌发。

(2)雄花芽 实为雄花序,塔形,鳞片小,不能覆盖芽体,呈裸芽状,着生于顶芽以下2～10节,萌发后抽生葇荑花序。核桃雄花丰生数量与类群或品种特性、树龄、树势等有关,老树、弱树、结果小年树上的雄花芽量大。雄花芽过多,消耗大量养分水分,影响树势和产量,应加以控制和疏除。

(3)混合花芽 亦称雌花芽,晚实核桃多着于结果母枝顶端1～3节;早实核桃健壮结果母枝的顶芽及以下各节位腋芽均可形成混合芽。混合芽芽体肥大,圆形,鳞片紧包,萌发后抽生结果枝,顶端开花结果。新疆早实核桃中,还有顶芽开放后,纯雌花密集着生。

(4)休眠芽 亦称潜伏芽或隐芽,位于枝条基部或中下部。芽体小,一般不萌发,承受枝条增粗而隐埋于皮层中,当枝条受到损伤或向心生长阶段可萌发生枝,有益于树体更新。核桃休眠芽寿命甚长,百年以上的树其隐芽仍有萌发能力,故核桃树的树冠在生命周期中可多次更新。

核桃树各类芽的着生排列方式甚多,可单生或叠生,有雌芽或叶芽单生的;雌、叶芽叠生;雄、雌芽叠生;叶、雄芽叠生;叶、叶芽叠生;雄、雄芽叠生等。叠生的双芽,着生在前者为副芽,后者为主芽(图2-1)。

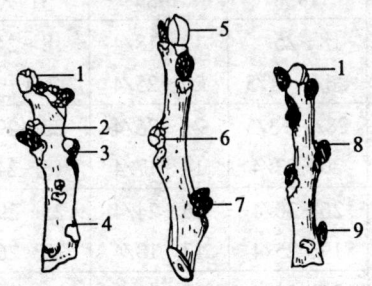

1.顶雌芽 2.雌雄叠生芽 3.叶叶叠生芽 4.潜伏芽 5.顶叶芽
6.雌叶叠生芽 7.雄雌叠生芽 8.叶雄叠生芽 9.雄芽

图2-1 核桃芽的类型(河北农业大学)

(三)开花结果特性

1. 开花特性

核桃雌雄花期多不一致,称为"雌雄异熟性"。雌花先开的称为"雌先型";雄花先开的称为"雄先型";个别雌雄花同开的称为"雌雄同熟"。据观察,核桃雌先型比雄先型树雌花期早5~8天,雄花期晚5~6天;铁核桃主栽品种多为雄先型,友邻花比雌花提早开放15天左右。同株的雌雄花期相遇性很差。但不同型树株间的雌雄花期大多能较好地吻合,可相互授粉。雌雄异熟是异花授粉植物的有利特性。张毅萍(1965),量丽芬(1988),张志华等(1993)的研究均表明,核桃植株的雌雄异熟乃是稳定的生物学性状,尽管花期可依当年的气候条件变化而有差异,然异熟顺序性未发现有改变;同一品种的雌雄异熟性在不同生态条件下亦表现比较稳定(表2-8,表2-9)。两类异熟型的实生树群体,株数比例在不同地区虽稍有出入,但大体上各占50%(表2-10)。

表2-8 几个核桃种与品种不同年份的花期表现(张志华等,1993)

种、品种	花性	观察日期(日/月)			
		1988	1989	1990	1991
上宋$_6$	雌花	18~25/4	12~18/4	18~24/4	25~30/4
	雄花	26/4~1/5	20~25/4	27/4~1/5	30/4~8/5
元丰	雌花	28/4~3/5	21~26/4	25~29/4	30/4~7/5
	雄花	20~27/4	14~17/4	18~24/4	24~26/4
丰产	雌花	26~30/4	16~24/4	25~29/4	2~10/5
	雄花	19~25/4	13~18/4	20~26/4	26~30/4
阿$_{364}$ A$_{364}$	雌花	24~29/4	14~23/4	23~28/4	29/4~2/5
	雄花	17~21/4	10~14/4	16~19/4	23~25/5
核桃楸	雌花	20~25/4	15~20/4	19~23/4	25~27/4
	雄花	25~30/4	21~25/4	26~30/4	2~10/5

续表

种、品种	花性	观察日期(日/月)			
		1988	1989	1990	1991
麻核桃	雌花	27/4~1/5	21~25/4	28/4~1/5	2~7/5
	雄花	20~25/4	14~18/4	19~24/4	25/4~1/5

*河北保定市

表 2-9 几个核桃品种在不同地点的花期表现
(张志华等,1993;方文亮等,1987—1989)

种、品种		花性	花期(日/月)			
			大连	保定	河北获鹿县	云南漾濞县
核桃	上宋$_6$	雌花	4~12/5	18~25/4	16~22/4	—
		雄花	10~15/5	26/4~1/5	23~29/4	—
	元丰	雌花	10~15/5	28/4~3/5	26/4~1/5	—
		雄花	3~9/5	20~27/4	17~25/4	—
	辽宁$_1$	雌花	9~15/5	27/4~2/5	—	—
		雄花	3~9/5	19~25/5	—	—
	薄壳香	雌花	3~11/5	19~26/4	17~24/4	—
		雄花	7~10/5	20~27/4	19~25/4	—
铁核桃	漾濞泡核桃	雌花				24/3~11/4
		雄花				3/3~14/3

表 2-10 不同地区两种类型核桃树在实生群体中的比例(张毅萍,1963)

地点	总株数(株)	雌先型株数(株)	雄先型株数(株)	雌先:雄先(%)
昌黎果树研究所三区	97	47	50	48.5:51.5
昌黎果树研究所四区	99	43	56	43.4:56.6
北京市园艺二队	94	48	46	51.1:48.9
抚宁县宋庄大队村西	428	230	198	53.7:46.3

雌雄异熟性决定了核桃栽培中配置授粉树的重要性。张志华等研究表明(无性品种树),雌雄花期先后与坐果率、产量及坚果整齐度等性状的优劣无关,然而在果实成熟期方面存在明显的差异,雌先型品种较雄先型早成熟3~5天,与雌花期的异步相吻合。早实核桃具有二次开花的特性,而且二次花的类型多种多样:雌、雄花多呈穗状花序;有单性花序的;也有雌雄同序,花序轴下部着生数朵雌花,上部为雄花的;个别尚有雌雄同花(图2-2,图2-3)的。

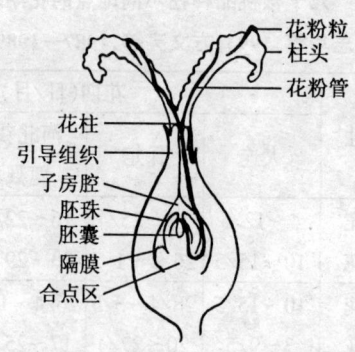

图2-2 核桃雌花纵切简图示合点受精(北京林业大学)

2. 结果特性

核桃树开始结果年龄因类型和品种而异,早实核桃2~3年,晚实核桃8~10年开始结果。初结果树,多先形成雌花,1~2年后才出现雄花。成年树雄花量多于雌花几倍、几十倍,以至因雄花过多而影响产量。

晚实核桃树生长旺盛的长枝,当年都不易形成混合芽,形成混合芽的枝条长度一般在5~30 cm(李绍克等,1982)。早实核桃树各种长度的当年生枝,只要生长健壮,都能形成混合芽。

成年树以健壮的中、短结果母枝坐果率最高。在同一结果母枝上以顶芽及其以下1~2个腋花芽结果最好。结果枝坐果的多少与品种特性、营养状况、所处部位的光照条件有关。一般一个果序可结1~2个果,也可着生3果或多果及枇杷状坐果。着生于树冠外围的结果枝结实好,光照条件好的内膛结果枝也能结实。健壮的结果枝在结果的当年还可形成混合芽,据李绍克等(1982)观察,坐果枝中有96.2%于当年继续形成混合芽,而落果枝中能形成混合芽的只占30.2%,说明核桃结果枝具有连续结实能力。核桃喜光与合轴分枝的习性有关,随树龄增长,结果部位迅速外移,果实产量集中于树冠表层。

早实核桃二次雌花常能结果,所结果实多呈1序多果穗状排列。二次果体形较小,但能成熟并具发芽成苗能力,苗木的生长状况同一次果的实生苗无甚差异,且能表现出早实特性,所结果产体形大小也正常。

3. 授粉与受精

核桃系风媒花。核桃花粉粒中等大小,直径约为 $43.2~\mu m \times 54.6~\mu m$,可随风飘翔。据欧美文献记载,某些核桃品种的花粉飞翔力很强,距树体16 cm处还能收集花粉。河北农业大学的观察表明,核桃花粉的飞散量及飞散距离与风速有关,在一定距离内,随风速增大飞散量增加;在一定风速下,其花粉飞散量又随距离增加而减少(表2-11)。在有授粉树或成片栽植情况下,自然授粉可满足受粉的需要。但在无授粉树或距授粉树超过100 m时,则应辅以人工授粉。人工授粉,应注意保持花粉的活力。在自然状态下,核桃花粉的寿命只有2~3天;在室温条件下可保持3~5天。刘万生等(1984)的试验表明,核桃花粉不耐低温和干燥,最适宜的保存温度为3℃,可保存30天以上。相对湿度越大,花粉生活力下降越缓慢,故不宜在干燥条件下贮藏。铁核桃花粉在4℃恒温下贮藏45天,仍有1.5%花粉发芽。

表 2-11　核桃花粉的飞翔力(河北农业大学)

风速(m/sec)	0.2			0.5			1.0		
距离(m)	1	2	3	1	2	3	1	2	3
捕捉花粉数(粒)	21	10	4	24	17	12	73	32	12

注:捕捉花粉粒数,系镜检 10 个视野的平均数。

据河北农业大学的观察,将花粉授于柱头上,4 小时后发芽率只有 5%～8%、核桃雌花系单胚珠,花粉萌发后只有极少数花粉管到达胚珠,过量的花粉既非必需,又易引起柱头失水,不利于花粉萌发。授粉适期,以柱头呈眉状展开并有黏液分泌时为宜。落到柱头上的花粉,一般只有几粒萌发。据李天庆(1984)观察,萌发的花粉管在柱头表面伸长中遇到乳突细胞的胞间隙即穿入其中,并沿细胞间隙下伸,直达子房室的顶部,伸入子房腔,沿珠被的外表皮下伸到幼嫩隔膜顶端,再穿入隔膜长至合点区,此时方向改变为向上生长,穿过珠心到达胚囊(图 2-2)。研究表明,雌蕊中钙的分布状况是诱导花粉管定向生长的原因之一,营养供应和结构上的作用亦很明显,也可能尚有未弄清的向化性源。核桃花粉管由柱头到达胚囊的时间约在授粉后 4 天。核桃系双受精,即花粉管释放出 2 个精子,分别趋向卵和中央而后完成受精过程。

核桃和铁核桃均具有一定的孤雌生殖能力。在山区或城市、村镇,常有无授粉条件的孤树,每年也能结果,其坚果也具有成熟的种胚。河北农业大学在 1962—1963 年用异属植物花粉给核桃雌花授粉和用 IAA、NAA、2,4-D 处理,以及套袋隔离花粉等,都获得了具有种胚的果实。其中,用 10 μg/g、20 μg/g、30 μg/g、2,4-D 处理的坐果率达 3.2%～18.5%;套袋的为 1.2%。河北省涉县林业局(1983)的观察,当地的核桃孤雌生殖率为 4.1%～43.7%,并认为雄先型树高于雌先型树。方文亮、杨振邦等(1987—1988)对泡核桃套袋隔离花粉观察,不交自孕结实枝占总果枝 0.67%～6.3%。

(四)物候期

核桃年生育周期中的物候期,因栽培地区、品种和类型以及年度气候变化而有差异。气温,尤其积温是影响物候期的主要因子(表2-12)。任宪威等(1982)在北京地区经1954—1969年的长期观察表明,多数树种在日平均气温3℃作为活动积温起点,以1月1日作为天数起点,核桃各物候期开始日的平均活动积温和平均天数分别为:萌芽51.8℃,第80天;展时329.2℃,107天;开花388.6℃,112天;果熟3548℃,248天;落叶4468.2℃,第311天;活动期(萌芽至落叶)平均天数231天;休眠期平均天数134天;绿色树冠期204天;开花~果熟期126天。

1. 营养器官生长物候期

根系 核桃根系开始活动较早,据河北省昌黎果树研究所观察,当地3月31日出现新根;6月中旬至7月上旬以及9月中旬至10月中旬出现两次生长高峰,11月下旬停止生长。

枝叶 受早春日平均温度变化的影响,核桃萌芽物候期的变幅亦较大,一般在日平均温度稳定在9℃左右时开始萌芽。萌芽后15天,枝条的生长量达年生长量的55.5%~57%,30天可达92.2%~93.9%。罗秀钧等(1988)观察表明,春梢旺盛生长约持续20天,此期间平均日生长量最高达11.25 mm,以后,随果实的发育而渐缓,到6月初停止生长。幼树或壮枝6月下旬开始二次生长,7月初进入高峰。如前期干旱后期多雨,二次生长可延续到8月中下旬,此类枝条往往不充实而影响安全越冬。随枝条的伸长,而日平均气温稳定在13~15℃时(约4月上中旬),复叶自基部向尖端,小叶叶片自下而上逐渐展开。展叶初期叶片生长极为迅速,20天左右叶片即达其总生长量的94%,以后急速减缓,5月底生长停止,11月中旬前后落叶。河北农业大学对此也做了观察。年生育期中新生的叶芽和雄花芽5月间从叶腋露出,随枝条

表 2-12 不同地区各种核桃的物候期

种（品种）	地区	萌芽（日/月）	展叶（日/月）	雄花开放（日/月）	雌花开放（日/月）	果实生长（天）	落叶（日/月）
漾濞泡核桃	昆明	中/2	中/3	17/3	28/3	150	上/11
新疆薄壳核桃（早实型）	辽宁旅大	中/4	下/4	上/5	上/5	120	下/11
绵核桃	陕西扶风	下/3	4/4	6/4	14~18/4	120	下/10~上/11
	河南济源	25/3	5/4	10/4	19/4	120	5/11
	河北涉县	下/3	上/4~中/4	中/4~5/5	中/4~5/5	120	中/10~上/11
	河北昌黎	16/4	24/4	6/5	29/4	115	26/10

的木质化而逐渐增大。叶芽在6月中旬以后即可用于嫁接。

2. 雌、雄花芽的分化与发育

1）雄花芽的分化与发育

核桃雄花芽与侧生叶芽属同源器官。雄芽于5月间露出到翌春4月间发育成熟,从开始分化到散粉整个发育过程约1年时间。荣瑞芬、郗荣庭(1991)将核桃雄花芽分化划为以下5个时期:

表 2-13　绵核桃与新疆薄壳核桃在北京的物候期
(北京林业大学)(日/月)

种类	芽膨大	新梢生长		第1次开花		第2次开花		果实生长		果实成熟	落叶
		第1次	第2次	雄花	雌花	雄花	雌花	幼果膨大	停止生长		
薄壳核桃(早实)	2/4	16/4	1/6	20/4	16/4	28/5	1/8	4/5	14/7	14~18/9	5/11
绵核桃(晚实)	3/4	15/4	—	22/4	18/4	—	—	6/5	14/7	20/9	2/11

(1)鳞片分化期:母芽雏梢分化之后,在叶腋间出现侧芽原基,4月上旬侧芽原基在母芽内开始鳞片分化,4月下旬随母芽萌发新梢生长,侧芽原基外围已有4个鳞片形成。雄芽生长点较扁平,鳞片亦较叶芽为少。

(2)苞片分化期:继鳞片分化期之后,在鳞片内侧,生长点周围,从基部向顶端逐渐分化出多层苞片突起。

(3)雄花原基分化期:4月下旬到5月初,从雄花芽基部开始向顶端,在苞片内侧基部出现突起,即单个雄花原基。

(4)花被及雄蕊分化期:5月初至5月中旬,雄花原基顶端变平并凹陷,边缘发生突起,即花被的初生突起。

(5)花被及雄蕊发育完成期:5月中旬至6月初,并排的雄蕊突起发育成并列的柱状雄蕊,最多可观察到6个。一排花被突起发育成一圈向内弯曲包裹着雄蕊,而苞片又从雄花基部伸出,伸向花被外围,此时整个雄花芽已突破鳞片,像一个松球,至此雄花芽形态分化完成。

雄花芽分化当年夏季变化甚小,长约0.5 cm,玫瑰色,秋末变绿色,冬季变浅灰色,翌春花序膨大。花药的发育从翌年春季开始,花药原基经过分裂,逐渐形成小孢子母细胞。科鲁木彼格尔认为,在散粉前3周分化花粉母细胞,前2周形成4分体,其后2~3天形成全部花粉粒。花序伸长初期呈直立或斜向上生长,颜色变为浅绿色,1周后开始变软下垂并伸长,雄花分离,总苞开放。由花序基部向前端各小雄花逐渐开放散粉,2~3天内散完,成熟的花药黄色。散粉速度与气温有关,温度高,散粉快。花序散粉后,花药变褐,枯萎脱落。

据丁平海等(1992)研究认为,枝条营养状况与雄花芽的形成有一定关系,营养状况不良的枝条易形成雄花芽;其次与品种的特性有关。雄花芽的着生特点是短果枝>中果枝<长果枝,内膛结果枝>外围结果枝。

2)雌花芽的分化与发育 雌花芽与顶生叶芽为同源器官。夏雪清、郗荣庭(1989)在保定市对早实核桃(上宋6号)的研究表明,早实核桃雌花芽生理分化期为中短枝停长后3~7周(5月26日至6月23日),生理分化时间持续4周。雌花芽形态分化期为中短枝停长后4~10周(6月2日至7月14日)。核桃雌花芽形态分化的进程为:

(1)分化始期:中短枝停长后4~6周(6月2~16日)25%~35%的芽内生长点进入花芽分化。此时果实生长速度减缓,果实外形接近于最大体积。

1)果实速长期　从5月初至6月初的30~35天,为果实迅速生长期。此期间果实的体积和重量均迅速增加,体积达到成熟时的90%以上,重量达70%左右。5月7日~17日,纵、横径平均日增长可达1.3mm;5月12日~22日重量平均日增长2.2g。随着果实体积的迅速增长,胚囊不断扩大,核壳逐渐形成,但色白质嫩。

2)硬核期　6月初至7月初,约35天,核壳自顶端向基部逐渐硬化,种核内隔膜和褶壁的弹性及硬度逐渐增加,壳面呈现刻纹,硬度加大,核仁逐渐呈白色、脆嫩。果实大小基本定型,营养物质迅速积累,6月11日至7月1日的20天内出仁率由13.7%增加到24%,脂肪含量由6.91%增加到29.24%。

3)油脂迅速转化期　7月上旬至8月下旬的50~55天,果实大小定型后,重量仍有增加,核仁不断充实饱满,出仁率由24.1%增加到46.8%,核仁含水率由6.2%下降到2.95%,脂肪含量由29.24%增加到63.09%,核仁风味由甜变香。

4)果实成熟期　8月下旬至9月上旬,果实重量略有增长,总苞(青皮)的颜色由绿变黄,表面光亮无茸毛,部分总苞出现裂口,坚果容易剥出,表示已达充分成熟(表2-14)。

表2-14　果实成熟期出仁率、含油率的变化

(罗秀钧等,1988)

时间(日/月) 项目	20/8	25/8	30/8	4/9	9/9	14/9	19/9
出仁率(%)	43.14	45.03	45.18	46.73	46.40	46.35	46.79
核仁含油率(%)	66.56	68.34	68.84	68.65	68.80	68.90	69.81

采收早晚对核桃坚果品质有很大影响(郗荣庭等,1983)。研究表明,过早采收严重降低坚果产量和种仁品质(表2-15)。

表 2-15 采收时期对坚果品质的影响(郗荣庭等,1983)

采收期(日/月)	24/8	28/8	1/9	5/9	9/9
平均粒重(g)	9.1	8.9	9.1	9.5	9.5
平均仁重(g/粒)	4.0	4.0	4.3	4.5	4.7
平均出仁率(%)	44.5	44.7	46.7	47.8	48.8

核桃落花落果比较严重。一般可达50%~60%,严重者达80%~90%(量丽芬,1988)。西北林学院在陕西洛南地区的调查表明,多数品种落花较轻,落果较重。落花多在末花期,花后10~15天幼果长到1 cm左右时开始落果,果径2 cm左右时达到高峰,到硬核期基本停止。侧生果枝落果通常多于顶生果枝。沈兆发(1985)认为,铁核桃有2次生理落果,第1次在5月上旬至中旬,第2次落果在8月下旬至9月上旬。

二、对环境条件的要求

中国核桃分布甚广,从北纬21°29′(云南勐腊)至44°54′(新疆博乐);东经77°15′(新疆塔什库尔干)至124°21′(辽宁丹东)都有栽培。在如此广阔的地域内,气候与土壤等差异悬殊,年均温从2℃(西藏拉孜)至22.1℃(广西百色);绝对低温从-5.4℃(四川绵阳)至-28.9℃(内蒙古宁城);绝对最高温从27.5℃(西藏日喀则)到47.5℃(新疆吐鲁番);无霜期从90天(西藏拉孜)到300天(江苏中部);垂直分布从海平面以下约30 cm的吐鲁番盆地(布拉克村)到海拔4200 m(拉孜县徒庆林寺)。上述状况反映出核桃属植物对自然条件有很强的适应能力。然而,核桃栽培业对适生条件却有比较严格的要求,并因此形成若干核桃主要产区。超越其适生条件时,虽能生存但往往生长不良、产量低或绝产以及坚果品质差等失去栽培意义。表2-16中数据表明:(1)我国核桃主产区的气候条件虽有不同但大体相近;(2)铁核桃产区的年平均温度和降水量均较高;反映出2个核桃种对生态条件有着不同的要求。

表2-16 主要核桃产区气候条件(陕西果树研究所)

产区	核桃种	年均气温(℃)	绝对最低气温(℃)	绝对最高气温(℃)	年降水量(mm)	年日照(h)
新疆库车	核桃	8.8	-27.4	41.9	68.4	2999.8
陕西咸阳	核桃	11.1	-18.0	37.1	799.4	2052.0
山西汾阳	核桃	10.6	-26.2	38.8	503.0	2721.7
河北昌黎	核桃	11.4	-24.6	40.0	650.4	2905.3
辽宁旅大	核桃	10.3	-19.9	36.1	595.8	2774.4
云南漾濞	铁核桃	16.0	-2.8	33.8	1125.8	2212.0

兹将影响核桃生长发育的几个主要生态因子简述于下:

1. 核桃对温度的要求

核桃是比较喜温的树种。通常认为核桃苗木或大树适宜生长在年均温8~15℃,极端最低温度不低于-30℃,极端最高温度在38℃以下,无霜期150天以上的地区。幼龄树在-20℃条件下出现"抽条"或冻死;成年树虽然能耐-30℃低温,但在低于-28~-26℃的地区,枝条、雄花及叶芽易受冻害。在新疆伊宁和乌鲁木齐地区当极端最低温度达-34~-37℃时,核桃树不能结果,并呈小乔木或灌丛状生长。核桃展叶后,如遇-2~-4℃低温,新梢会遭冻害;花期和幼果期气温降到-1~-2℃时则受冻减产。但生长期温度超过38~40℃时,果实易被灼伤,以至核仁不能发育。

尽管如此,但通过引种驯化或育种途径,可提高核桃的抗寒性。白乃檀(1989)的研究表明:经过15年北移驯化试验,在内蒙古赤峰地区将核桃生产栽培区向北推进了200多km。在极端最低温度-30℃条件下,能正常开花结实。14年生树最高株产坚果30 kg,平均亩产174 kg。

铁核桃适于亚热带气候,要求年均温16℃左右,最冷月平均气温4~10℃,如气温过低则难以越冬。

沈兆发(1985)对云南漾濞泡核桃(铁核桃的栽培种)的研究表明,5月份平均气温与泡核桃产量之间呈显著负相关,即在5月份平均气温高的年份核桃会减产;8月份的平均气温也与核桃产量之间有负相关关系,因为在高气温条件下核桃果实易被灼伤成病果而脱落。

气温与纬度和海拔高度密切相关,故不同纬度地区核桃垂直分布和适生范围各异。例如,陕西洛南地区在海拔700~1 000 m处核桃生长良好;山西、河北等地以海拔1 000 m以下为适生区;辽宁省南部地区只宜在海拔500 m以下栽培;云南漾濞县则在海拔1 800~2 000 m生长良好。

2. 核桃对光照的要求

核桃是喜光树种,进入结果期后更需要充足的光照,全年日照量不应少于2 000 h,如低于1 000 h则结果不良,影响核壳、核仁发育,降低坚果品质。生长期日照时间长短对核桃的生长发育至关重要,沈兆发(1985)对漾濞泡核桃的研究表明,3月份正是核桃展叶、抽梢和开花期,对日照要求较高,3月份日照时数与泡核桃产量(指在滑动模拟所得气象产量)之间呈正相关,相关系数$r=0.510$(自由度为11),日照充足有利于当年核桃产量增加。

新疆核桃产区日照时数多,核桃产量高、品质好;但郁闭状态的核桃园一般结实差、产量低,只边缘树结实较好,同一植株也是树冠枝结果好。所以,在栽培中选地、株行距离和整形修剪等均考虑采光问题。

3. 核桃对水分的要求

核桃不同的种对水分条件的要求有较大的差异。例如,铁核桃喜较湿润的条件,其栽培主产区年降水量为 800~1 200 mm;核桃在降水量 500~700 mm 的地区,只要搞好水土保持工程,不灌溉也可基本上满足要求;而原产新疆灌区、降水量低于 100 mm 的核桃,引种到湿润和半湿润地区则易罹病害。沈兆发(1985)认为,云南漾濞冬季降水对泡核桃产量有明显影响,甚至超过 3~6 月和 8 月降水。冬季降水量与泡核桃产量之间呈显著正相关,冬季降水多的年份有利于翌年泡核桃增产。

核桃能耐较干燥的空气,而对土壤水分却很敏感,土壤过干或过湿都不利于核桃生长发育。在新疆库车、和田等核桃产区,年降水量仅 37.5~82.8 mm,4~9 月相对湿度只有 31%~40%,干燥度在 11 以上,但因有灌溉条件,核桃生长良好,病害少而产量高。长期晴朗而干燥的气候,充足的日照和较大的昼夜温差,有利于促进开花结实。新疆早实核桃的一些优良性状,正是在这样的条件下历经长期系统发育而形成的。土壤干旱有碍根系吸收和地上部枝叶的水分蒸腾作用,影响生理代谢过程,严重干旱可造成落果,甚至提早落叶。幼壮树遇前期干旱和后期多雨的气候时易引起后期徒长,导致越冬后抽条干梢。土壤水分过多,通气不良,会使根系生理机能减弱而生长不良,核桃园的地下水位应在地表 2 m 以下。在坡地上栽植核桃必须修筑梯田撩壕等,搞好水土保持工程。在易积水的地方须解决排水问题。

4. 核桃对土壤的要求

地形和海拔不同,小气候各异。核桃适于坡度平缓、土层浓厚而湿润、背风向阳的条件。种植在阴坡,尤其坡度过大和迎风坡面上,往往生长不良,产量甚低,甚至成为"小老树",坡位以中下部为宜。在同一地区,海拔高度对核桃的生长与产量有一定影响(表 2-17)。核桃根系入土深,土层厚度在 1 m 以上时生长良好,土层过薄影响树体发育,容易"焦梢"且不能正常结果(表 2-18)。

表 2-17 不同海拔高度 20 年生漾濞泡核桃生长势及产量比较
（云南省林业科学院漾濞核桃研究站）

海拔(m)	树高(m)	胸径(cm)	果枝率(%)	单株产量(粒)	百粒重(g)	出仁率(%)	核仁出油率(%)
1 720	9.8	27.2	19.6	1 124	1 369	53.9	75.3
1 850	11.7	45.2	70.8	3 887	1 322	53.2	73.9
2 470	10.2	29.0	52.5	1 200	1 200	55.6	67.3

表 2-18 土壤条件对核桃生长结实的影响（北京林学院，1983）

土地利用情况	土层厚度(cm)	细土层以下石砾含量(%)	枝下高(m)	平均生长情况						平均结实量	
				干周		树高		冠径		果数(个/株)	%
				cm	%	m	%	m	%		
核桃园	19	75	0.9	22.8	100	2.3	100	1.8	100	3.6	100
	40	80	1.1	25.3	111	2.6	113	2.0	111	5.6	156
	50	5	1.3	42.7	187	3.8	165	3.5	194	67.5	1875

核桃喜土质疏松，排水良好园地。在地下水位过高和质地黏重的土壤上生长不良。龙毓珍（1965）的研究表明，核桃根系发育受土壤条件影响很大，在疏松肥沃、地下水位低、排水良好的土壤上，根系生长旺盛；而在地下水位高的黏土或石砾多的山地，根系生长不良，侧根少，主根长度只相当肥沃土地不同龄树的 35%～77.8%。侧根数量只有肥沃园地的 8%～18.4%。

核桃在含钙的微碱性土壤上生长良好，土壤 pH 值适应范围为 6.3～8.2，最适值为 6.4～7.2。土壤含盐量宜在 0.25%以下，稍有超过即影响生长和产量，含盐量过高会导致植株死亡，氯酸盐比盐危害更大。核桃喜肥，增加土壤有机质有益于提高产量。

5. 风对核桃的影响

风也是影响核桃生长发育的因素之一，但常易被忽视。适宜的风量、风速有利授粉,增加产量。然而,核桃又是抗风力较弱的树种,由于其一年生枝髓心较大,在冬、春季多风地区,生长在迎风坡面的树易抽条、干梢,影响发育和开花结实,栽培中应加以注意,如建造防风林等。

  研究了解核桃的生物学与生态学特性,不仅是制订科学的栽培技术措施的基础,而且可以通过掌握生态因子的变化与生育的相关性预测核桃产量。郗荣庭等(1987)的研究表明,前一年7月和10月的平均温度、日照、雨量以及第2年3~4月的气候,尤其花期的天气状况对产量的影响甚为明显,前一年7月份雨量多,日照充足,10月份月平均气温高,第2年核桃增产显著,表现为正相关。

第三章　优质核桃无公害栽培对环境条件的要求

随着我国加入 WTO,国际国内市场对无公害核桃的要求越来越高,这就要求我们在核桃生产中一定要严格按照无公害果品标准进行生产。未来的核桃生产,必须向无公害的方向发展。无论是果品外观还是内在质量都要符合无公害果品标准。果品污染源包括环境污染和生产污染两方面。其中环境污染状况较复杂,又关系到政策、资金、技术等许多问题。所以,一时难于完全解决,只能逐步完善。而生产污染是人为造成的,只要在果品产销的各个环节,采取先进科学的管理措施,因地制宜地制定生产管理技术规范,严格限制农药和化学肥料的使用,就能达到控制污染的目的。

(1)环境污染源与治理要求

一是严防大气污染,实行生态最适宜区栽培;二是控制污水用量,遵循农业灌溉的水质标准。这样,使果品无公害产销的基地能有良好的生态环境。如基地的选择,必须远离城市和交通要道,周围无工业和矿山的"三废"排放(包括直接污染和间接污染),并经检测机构对大气、土壤、灌溉水检测后,符合国家标准。

(2)生产污染源的治理要求

一是减少化肥的使用,发展生态果园。充分利用自然界的光能、热能、降水和灌溉,生产绿色植物。或以绿色植物与畜禽结合,多级利用生物能量,达到物质产出量大,资源保存最好,经济效益最佳的目的。二是综合防治病虫,降低农药残留。如将农业防治、生物防治、物理防治、机械防治、化学防治、植物检疫等防治措施,有机地结合使用。

生产基地的生态环境条件符合国家规定的"绿色食品产地生态环境质量标准"是生产绿色食品的首要条件。对于果树的绿色食品生产,生态环境重要涉及大气、灌溉水和土壤质量。为了保证生产基地的环境质量,基地应尽量远离繁华市区、工矿区、交通干道等。

一、无公害栽培的概念

生态农业最早起源于上20世纪30年代的美国。第二次世界大战后,随着美、日等国家农业现代化的实现,化学物质在土壤中富积,通过物质循环,导致食品污染。最终损害人体健康。1962年,美国卡逊女士出版了轰动世界的《春风无语》,以DDT杀虫剂间接危害生物和人类身体健康的事实,为世人敲响了警钟。

70年代初,由美国扩展到欧洲和日本的限制化学物质过量投入,以保护生态环境和提高食物安全性的"有机农业"思潮影响了许多国家。各国开始采取经济措施和法律手段,鼓励和支持本国无污染食品的生产和发展。

进入20世纪80年代以来,许多国家积极探索农业可持续发展的模式,以减缓常规农业给环境和资源造成的严重压力。1991年联合国粮农组织在荷兰召开了农业与环境国际会议,发表了《登博斯宣言》,提出了持续农业和农业发展的概念。1992年,联合国又在巴西召开了"环境与发展"国际会议,通过了《21世纪议程》,确立了可持续发展在全球经济和社会中的战略地位,由此推动了世界有机食品、生态食品、自然食品等新兴食品的生产和贸易的迅速增长。

生态农业在我国有深厚的基础。中国传统中天人合一的思想，决定了中国农业对于自然及环境的重视。改革开放以来，随着城乡人民生活水平由温饱向小康的过渡，人们对环境和食物质量的要求越来越高。为了把发展经济、保护环境、增进人民身体健康紧密结合起来，我国在拓展生态农业建设规模中，正式推出了"绿色食品"工程。到目前为止，全国已开发出包括果品在内的绿色食品产品712个，生产总量达360万吨，其中已有相当部分进入美国、日本、欧洲、中东等国家和地区的市场。1993年，中国绿色食品发展中心加入了有机农业运动国际联盟(IFOAM)从而进一步扩大了我国绿色食品与国际相关行业的交流与合作。1998年，联合国亚太经济与社会委员会(ONESCAP)将重点向亚太地区发展中国家介绍和推广中国绿色食品开发和管理的模式。我国的绿色食品将会带动和推进世界绿色食品工程的开展。

1972年，联合国在瑞典的斯得哥尔摩召开了《人类与环境》大会。会上首次提出"生态农业"的概念。以后，许多国家兴起，要求在食品原料生产、加工等各个环节，都树立"食品安全"的思想。

可是，世界各国对这类农业的称呼不同，如英国叫"有机农业(食品)"，芬兰、瑞典叫"生物农业(食品)"，日本叫"自然农业(食品)"，中国叫"无公害农业(食品)"或叫"绿色食品"。这些都是以生产安全、优质、营养食品为目标的新型农业。

我国对环境污染和无公害食品的生产极为重视。1979年党的十一届四中全会通过的《中共中央关于加强农业发展若干问题的规定》就指出"要积极推广生物防治"，1990年《国务院关于进一步加强环境保护工作的决定》要求"农业部门必须加强对农业环境的保护和管理，控制农业、化肥农膜对环境的污染，推广病虫害综合防治"，1993年在《国务院关于发展高产、优质、高效农业的决定》中，又特别指出要加强"绿色食品"的生产。

农业部在最近公布的"农业部'无公害食品计划'实施意见"中

指出:力争用5年的时间,基本实现食用农产品无公害生产,保障消费安全,蔬菜、水果、食用菌等鲜活农产品无公害生产基地质量安全水平达到国家规定标准;大中城市的批发市场、大型农贸市场和连锁超市的鲜活农产品质量安全市场抽检合格率达95%以上,从根本上解决食用农产品急性中毒的问题。"实施意见"中又说,有条件的地方和企业,应积极发展绿色食品和有机食品。由此可见,无公害食品、绿色食品、有机食品同样是反映食用农产品安全性的概念,但是又有区别。未来的核桃生产,必须向优质、高档、无公害的方向发展,无论是果品外观还是内在质量都要符合无公害果品标准。目前无公害果品生产有无公害果品和绿色食品2种标准。

(一)无公害农产品、无公害果品标准

无公害农产品:是指产自良好生态环境,农药、重金属、硝酸盐及激素等有害有毒物质含量(或残留量)控制在允许的安全范围内的农产品及其加工品。也指产地环境、生产过程、最终产品质量符合国家或行业无公害农产品的标准并经过检测机构检测合格,批准使用无公害农产品标识的初级农产品。产品标准、环境标准和生产资料使用标准为强制性国家及行业标准,生产操作规程为推荐性行业标准。要求食品基本安全。由农业部负责组织和运行,已经发布了"农业部无公害食品行动计划",与国家质量监督检验检疫总局共同发布了"无公害农产品管理办法";国家无公害食品的统一标志已确定,并已公布;认证机构已组建,认证程序已制定;产品质量检验由农业部所属监测机构进行。

无公害果品标准:无公害果品是指果树的生长环境、生产过程以及包装、贮存、运输中未被有害物质污染,符合国家卫生标准的果品。无公害果品以安全、优质、营养丰富为特色,在国外市场备受欢迎。无公害果品生产有其严格的标准和程序,主要包括环境质量标准、生产技术标准和产品质量检验标准。众所周知,果品的污染源主要来自环境污染和生产污染2个方面。环境污染牵涉面广,目前我们可以选择无污染或污染极轻的地方作为生产基地。生产污染主要是人为造成的,只要在果品生产的各个环节采取先进、科学的管理措施,因地制宜地制定无公害果品的生产管理技术,特别是严格限制化学合成农药和肥料的使用,就可以控制污染。

(二)绿色食品

绿色食品并非指绿颜色的食品,而是指无污染的安全、优质、营养类食品。自然资源和生态环境是食品生产的基本条件,由于与生命、资源、环境相关的事物通常冠之"绿色",为了突出这类食品出自良好的生态环境,并能给人们带来旺盛的生命活力。因此,将其定名为"绿色食品"。

绿色食品:指按照特定的生产方式生产,经专门的机构认定、许可使用绿色食品商标标志的,无污染的安全、优质、营养类食品。分为A级和AA级绿色食品。一般生产A级食品的环境质量及对农药残留的限量标准,要严于无公害食品的标准;AA级食品等同有机食品。1990年由农业部发起,1993年农业部发布了"绿色食品标志管理办法",其统一的绿色食品名称和商标标志已在中国内地、香港、日本注册使用。追求生产环境良好和食品安全优质。法规标准属于推荐性国家农业行业标准。由农业部所属事业单位"中国绿色食品发展中心"负责组织和运行,在全国各省、市自治区及部分计划单列市成立了40多个委托管理机构,依据"商标法","产品质量法"和各级政府管理机构加强市场监督。已经建立了较健全的认证方法及程序;56个国家级和省级环境质量检测机构对产品质量进行监测,11个部级产品质量检测机构对产品质量进行检测。在认证产品的格局上,70%为加工产品,30%为初级农产品。绿色食品的价格，一般高于普通食品10%～20%。

绿色食品必须具备的条件：绿色果品是优质、洁净，所含有毒、有害物质在安全标准以下的果品，它具有品质、营养价值和卫生安全指标的严格规定。从人体健康出发，国家在食品卫生标准中对果品中有毒有害物的安全指标做了具体规定：如要求"六六六"≤0.2 mg/kg(GB2763—81)，滴滴涕≤0.1 mg/kg(GB2763—81)，汞≤0.01 mg/kg(GB2763—81)，砷≤0.5 mg/kg(GB4810—84)，氟≤0.5 mg/kg(GB4809—84)，镉≤0.03 mg/kg，钯≤1 mg/kg，铜≤4 mg/kg，锌≤5 mg/kg。

目前，世界各国及有关国际组织对绿色果品标准的要求不尽相同，如英国、美国、日本、欧盟各自的标准，西方发达国家统称绿色果品为"有机果品"或"无公害果品"。

绿色果品应具备下列条件：①果品产地必须符合绿色食品生态环境质量标准；②果树种植必须符合绿色食品生产操作规程；③产品必须符合绿色食品质量和卫生标准；④产品的包装、贮运必须符合绿色食品包装贮运标准。

绿色食品标准：分为两个技术等级，即AA级绿色食品标准和A级绿色食品标准。

①AA级绿色食品标准

生产地的环境质量符合《绿色食品产地环境质量标准》，生产过程中不使用化学合成的农药、肥料、食品添加剂、饲料添加剂、兽药及有害于环境和人体健康的生产资料，而是通过使用有机肥、种植绿肥、作物轮作、生物或物理方法，培肥土壤、控制病虫害、保护或提高产品品质，从而保证产品质量符合绿色食品产品标准要求。

②A级绿色食品标准

生产地的环境质量符合《绿色食品产地环境质量标准》，生产过程严格按绿色仪器生产资料使用准则和生产操作规程要求，限量使用限定的化学全盛生产资料，并采用生物技术和物理方法，最终产品质量达到 A 级绿色食品产品指标。

无污染、安全、优质、营养是绿色食品的特征。无污染是指在绿色食品生产、加工过程中,通过严密监测、控制,防范农药残留、放射性物质、重金属、有害细菌等对食品生产各个环节的污染,以确保绿色食品产品的洁净。绿色食品的优质特性不仅包括产品的外表包装水平高,而且还包括内在质量水准高。产品的内在质量又是包括两方面:一是内在品质优良;二是营养价值和卫生安全指标高。

绿色食品标准包括产地环境质量标准、生产技术标准、产品质量和卫生标准、包装标准、储藏和运输标准以及其他标志或标准,绿色食品用统一的标志来标识。

绿色食品产地环境质量监测的主要对象包括大气、土壤和水源等3个部分,另外需要对农作物所施用肥料的种类、数量、品质进行调查,对病虫害的防治措施、药剂种类和数量进行调查。必须对大气中的二氧化硫、氮氧化物、总悬浮微粒、氟化物,水中的汞、镉、铅、砷、铬、有机氯、氟化物、氰化物、细菌,土壤肥力指标、重金属及类重金属、有机污染物、六六六、滴滴涕(DDT)等进行环境监测评价。

(三)有机食品

有机食品:指根据有机农业原则和有机产品生产、加工标准生产出来的、经过有机农产品颁证组织颁发证书的一切农产品。有机农业是一种完全不用或基本不用人工合成的肥料、农药、生长调节剂和饲料添加剂的生产体系。全球范围无统一的标志,其法规标准以国际有机农业运动联盟(IFOAM)的基本标准为代表的民间组织标准和各国政府推荐性标准并存。强调生产过程的回归与自然,与传统所指的检测标准无可比性。有机产品的生产资料和原料必须是同一生产体系内部循环的自然物质。转基因产品不属于有机农产品。

有机食品的管理体系：①由政府授权、认可或确认的认证机构；②认证机构按法规、条例实施认证；③产品实施市场监督。认证机构可以是经过政府管理部门审核、批准的民间或私人的认证机构，也有的是惟一的政府所属机构。有机食品的价格，一般高于普通食品价格50%至几倍。

目前我国还没有一个无公害核桃或绿色核桃的生产标准，但按照上述标准生产的核桃应属无公害核桃。无公害核桃生产可以为核桃农带来明显的经济收入。因为无公害核桃的商品价值高，市场前景好，如果再形成品牌，打入国际市场，既可以为国家换取外汇，又可为产品打开销路，利国利民。生产无公害核桃，品种是根本，环境是保证，技术是关键。

二、农用化学品的主要为害

农用化学品(包括农药、化肥等)的主要为害有以下几方面：

(一)对人体的直接为害

1. 农药的急性中毒，若有急性中毒者，可在短时间内致死。
2. 农药(包括植物生长调节剂)的慢性中毒，会导致内分泌失调，神经系统的行为和发育紊乱，甚至引发癌症、畸形和突变。
3. 酸盐和亚硝酸盐等化肥，会引起高铁血红等蛋白症，形成反应障碍、意识丧失、头晕目眩的为害，甚至引发癌症。

(二)对食品的污染

1. 因农药和化肥使用不当，可造成食物性食品的直接污染。
2. 通过死亡链而形成动物性食品的污染。尤其高残留的农药通过食物链聚集后，其含量要比直接使用农药的植物性食品更高。

3．残留农药在环境中的积累后,带来的污染。

(三)对生态环境的为害

1．喷洒农药,约有80%进入土壤或水体。
2．农药致使野生动植物遭害后减少。
3．化肥引起水体的富营养化。

三、发展无公害食品的必要性

我国已加入世贸组织(WTO),发展无公害食品、绿色食品、有机食品等安全农产品,具有以下的必要性:

第一,是开拓国际市场,增加农产品出口创汇的必然选择。在国际市场上,"绿色壁垒"已是贸易壁垒的主要手段。因此,要生产优质的名牌产品,开辟"绿色通道",进入国际市场。

第二,随着人们健康意识的不断增强,农产品的安全问题已成为普遍关注的焦点。因此,从土地到餐桌,全程的质量控制,为人民群众提供安全、优质、营养的食品,尤其重要。

第三,名牌和安全的产品,已经得到社会和群众的公认。它为农业增效、农民增收提供了有效的途径。

四、空气环境标准

果品基地空气质量应符合国家 GB3095—1982 大气环境质量标准中所规定的一级标准。必须严格限制空气中二氧化硫、氮氧化物、总悬浮颗粒、氟等物质的含量,如二氧化硫日平均浓度不得超过 0.05 mg/m^3,任何一次采样测定不得超过 0.15 mg/m^3。为了保证空气环境质量的稳定,在基地周围特别是上风头不得有化工厂、发电厂、农药厂等空气污染源。

大气检测标准:参照国家规定的大气环境质量标准(GB3095—1982),分为3级(表3-1)。

表3-1 大气环境质量标准

污染物	取值时间	浓度限值(mg/L)		
		一级标准	二级标准	三级标准
总悬浮颗粒	日平均	0.15	0.30	0.50
	任何一次	0.30	1.00	1.50
飘尘	日平均	0.05	0.15	0.25
	任何一次	0.15	0.50	0.70
二氧化硫	年日平均	0.02	0.06	0.10
	日平均	0.05	0.15	0.25
	任何一次	0.15	0.50	0.70
氮氧化物	日平均	0.05	0.10	0.15
	任何一次	0.10	0.15	0.30
一氧化碳	日平均	4.00	4.00	6.00
	任何一次	10.00	10.00	20.00
光化学氧化剂(O_3)	1小时平均	0.12	0.16	0.20

注:1. 平均:为任何一日的平均浓度不得超过的极限。

2. 任何一次:为任何1次采样测定不许超过的极限,不同污染物。任何一次采样时间见有关规定。

3. 年日平均:为任何1年的日平均年浓度均值不可超过的限值。

一级标准:为保护自然生态和人群健康,在长期接触情况下,不发生任何为害影响的空气质量要求。生产绿色食品和无公害果品的环境质量应达到一级标准。

二级标准:为保护人群健康和城市、乡村的动植物,在长期和短期接触的情况下,不发生伤害的空气质量要求。

三级标准:为保护人群不发生急慢性中毒和城市一般动植物

(敏感者除外)正常的空气质量要求。

气体污染主要来自工业或民用燃料燃烧、工业或交通运输的废气排出。大气污染物主要包括二氧化硫、氟化物、臭氧、氮氧化物、氯气、碳氢化合物以及粉尘、烟尘、烟雾、雾气等气体、固体和液体粒子。

二氧化硫:是最主要的大气污染物,由燃烧含硫的煤、石油和焦油时产生。从叶片的气孔侵入,破坏叶绿素,在叶脉间呈黄色或褐色斑块,组织脱水、叶片脱落。使花冠边缘呈褐色枯斑,花药干瘪,柱头萎缩,花脱落,坐果率很低。果实发育受阻,果面龟裂,失去商品价值。二氧化硫遇水成亚硫酸,与波尔多液中的铜离子结合,造成药害。还在大气中氧化为三氧化硫,再和水溶变为硫酸,形成酸雨。酸雨的 pH 在 5.6 以下,对果树为害很大。使叶片的叶脉间失绿,出现棕色坏死的枯斑。

氟化物:主要有氟化氢、氟化硅、氟化钙和氟气等。是仅次于二氧化硫的大气污染物。来自磷肥、冶金、玻璃、搪瓷、塑料、砖瓦等工业生产,以及煤燃烧的废气中。氟化氢是无色有臭味的气体,其毒性比二氧化硫大 20 倍。并因其比重较小,能够远距离扩散。氟化物从叶片气孔进入,溶于植物液体。抑制树体内的葡萄糖酶、磷酸果糖酶等多种酶的活性,使叶绿素难以形成,阻碍光合作用,因而失绿。又能使钙营养失调,嫩叶或生长点溃烂而枯萎。使果树受精率降低,果实发育受影响,果皮硬化。

氮氧化物:有一氧化氮、二氧化氮、硝酸雾等。以二氧化氮的毒害较大。来自汽车、锅炉以及某些药厂排放的气体。在塑料大棚中氮肥过多,会形成二氧化氮的为害。其受害症状近似二氧化硫。

氯气:是黄绿色的有毒气体。来源于食盐电解、农药、漂白粉、消毒剂、塑料、合成纤维等工业生产时排放气。能破坏细胞结构,使植株矮小,分枝少;阻碍水分和养分吸收,叶面褪绿或起小水泡,叶片焦枯；使根系不发达或脱水萎蔫。

粉尘：是工矿企业所排放的煤炭烟尘，包括炭黑颗粒、煤粒和飞尘。降落到果树叶片上，使嫩叶产生污斑，影响果树正常的光合和呼吸作用；影响授粉和坐果；使果实表皮粗糙或木栓化，降低产量和品质。

飘尘：工厂排放出大量的极细小的金属颗粒，如铅、铬、锌、镉、锰、镍、砷、汞等。经漂浮碰撞后降落，形成对土壤、水源与果树的严重污染和为害。

其他污染：工厂或机动车排放的废气中，有二氧化硫、氧化氮或碳氢化合物，产生了臭氧、过氧化硝酸乙酰脂，造成污染。又有化工厂或化肥厂排放的氨气和尿素粉尘，也会引起果树生理为害。

五、土壤环境质量要求

无公害果品基地要求土壤中有害物质含量低，基本无农药残留。中国农业大学根据大量实验和调查结果，制定了北京地区绿色食品农产品基地土壤环境质量标准(表 3-2)。

表 3-2 无公害果品基地土壤环境质量标准($mg \cdot kg^{-1}$)

分级	汞	镉	砷	铅	铬	六六六	DDT
1	≤0.24	≤0.2	≤13.0	≤22.5	≤70.0	≤0.1	≤0.2
2	0.24~0.3	0.2~1.1	13.0~47.0	22.5~420	70~560	0.1~0.2	0.2~0.3
3	0.30~0.43	1.1~1.57	47.0~67.0	420~600	560~800	0.2~0.4	0.3~0.5
4	≥0.43	≥1.57	≥67.0	≥600.0	≥800.0	≥0.4	≥0.5

注：引自中国农业大学绿色食品课题组，绿色食品农产品(果蔬)基地环境条件生产技术研究报告，1994

在土壤环境质量标准中，一级为土壤洁净，未受到污染，完全符合无公害果品生产基地土壤环境的质量要求；二级为轻度污染，可向绿色食品生产基地转化；三级是已受到中度污染，必须经过治理后方可作为绿色食品生产基地；四级为已受到严重污染，不适合作为无公害果品的生产基地。

无公害果品不但要求无污染、安全可靠，而且还要求品质好、营养丰富，同时要保证产量。因此，作为无公害果品基地的土壤环境质量标准，既不能单纯考虑土壤环境而忽视土壤肥力条件，也不能为增加土壤肥力而使土壤环境受到破坏，而应该把两者结合起来进行衡量。

土壤监测标准：土壤必测项目是汞、镉、铅、砷、铬等 5 种重金属和六六六、滴滴涕 2 种农药以及 pH。其中：2 种农药残留标准均不得超过 0.1 mg/kg；5 种重金属的残留标准因土质不同而异，一般采用与土壤背景值（本底值）相比，具体可参阅中国环境质量监测总站编写的《中国土壤环境背景值》一书。土壤污染程度的划分，主要依据测定的数据，计算污染综合指数的大小来定，共分为 5 级：

1 级：为安全级，土壤无污染，污染综合指数≤0.7；

2 级：为警戒级，土壤尚清洁，污染综合指数为 0.7～1；

3 级：为轻污级，土壤污染超过背景值，果树有被污染，污染综合指数为 1～2；

4 级：为中污染，果树被中度污染，污染综合指数为 2～3；

5 级：为重污染，果树遭严重污染，污染综合指数＞3。

作为无公害果品的生产基地，要求达到 1～2 级。

六、灌溉水质标准

无公害果品基地用水应符合国家 GB5084—92 农用灌溉水质量标准，标准对水质、pH、盐分含量、总汞、总镉、总铅、总砷、铬（六价）、氯化物、氟化物、氰化物等都作了严格的规定（表 3-3）。

表 3-3　农田灌溉用水质量标准

水质指标	标　准	水质指标	标　准
pH	6.5～8.5	镉	≤0.002 mg·L^{-1}
Ec 值(×10)	≤750 mΩl·cm^{-1}	砷	≤0.1 mg·L^{-1}
大肠菌群	10 000 个·L^{-1}	铅	≤0.5 mg·L^{-1}
氟	≤2.0 mg·L^{-1}	铬	≤0.1 mg·L^{-1}
氰	≤0.5 mg·L^{-1}	六六六	≤0.02 mg·L^{-1}
氯	≤200 mg·L^{-1}	DDT	≤0.02 mg·L^{-1}
汞	≤0.001 mg·L^{-1}		

灌溉水监测标准:要求清洁无毒,符合国家《农田灌溉水质量标准》(GB5084—92),其主要指标是:pH5.5～8.5,总汞≤0.001 mg/L,总镉≤0.005 mg/L,总砷≤0.1 mg/L,总铅≤0.1 mg/L,铬(六价)≤0.1 mg/L,氯化物≤250 mg/L,氟化物 2 mg/L(高氟区)、3 mg/L(一般区),氰化物≤0.5 mg/L。此外,还有细菌总数、大肠杆菌群、化学耗氧量、生化耗氧量等多项指标。

污染指数分为 3 级:

1 级:为未污染,污染指数≤0.5;

2 级:为尚清洁,属标准限量内,污染指数 0.5～1;

3 级:为污染级,超出警戒水平,污染指数≥1。

只有符合 1～2 级标准的灌溉水,才能生产无公害果品。

第四章 核桃的优良品种

一、早实核桃品种

1. 中核 1 号

由中国农业科学院郑州果树研究所选育而成,2004年定为优系。

树势中庸,树姿直立,树冠半圆形,分枝力中等。雌先型,7月中下旬成熟,果枝率83.7%,侧生果枝率82.7%,每果枝平均坐果1.4个。坚果椭圆形,重11.6 g;壳面较光滑,缝合线平,成熟期坚果果顶易开口,壳厚1.0 mm左右。内褶壁退化,横肉隔膜膜质,极易取整仁。核仁充实饱满,仁乳黄色,味香甜而不涩,出仁率58%。抗旱、耐瘠薄,结果早。

该品种适应性较强,盛果期产量较高,大小年不明显。坚果光滑美观,品质上等,尤宜带壳销售或作生食用。较抗寒、耐旱,抗病性较差。适宜在山丘土层较厚和干旱少雨地区集约化栽培。

2. 中核 2 号

由中国农业科学院郑州果树研究所选育而成。2004年定为优系。

树势中庸,树姿开张,树冠半圆形,分枝力强。雌先型,早熟品种,在郑州8月上旬成熟。侧生混合芽率84.3%,坐果率85%,以中、短枝结果为主,早期丰产性强。坚果椭圆形,果顶平而微凹,果基扁圆。坚果重16.7g,壳面刻沟浅、稀,较光滑,缝合线平,结合紧密,壳厚 1.0 mm。内褶壁膜质,横隔不发达。极易取整仁,出仁率 55.5%。核仁饱满,有香味,品质上等。

该品种适应性广,抗逆性强,早实丰产稳产,核仁饱满、味香浓,品质优。

3. 香玲

由山东省果树研究所经人工杂交选育而成。1989 年定名。主要在山东、河南、山西、陕西、河北等地栽培。

树势中庸,树姿直立,树冠半圆形,分枝力较强。嫁接后 2 年开始形成混合花芽,雄花 3~4 年后出现。雄先型,中熟品种,果枝率 85.7%,侧生果枝率 81.7%,每果枝平均坐果 1.4 个。坚果卵圆形,基部平,果顶微尖。中等大,纵径、横径、侧径平均 3.3 cm,坚果重 12.2 g。壳面较光滑,缝合线平,不易开裂,壳厚 0.9 mm 左右。内褶壁退化,横肉隔膜膜质,易取整仁。核仁充实饱满,出仁率 65.4%。核仁乳黄色,味香而不涩。

该品种适应性较强,盛果期产量较高,大小年不明显。坚果光滑美观,品质上等,尤宜带壳销售或作生食用。较抗寒、耐旱,抗病性较差。适宜在山丘土层较浓厚和平原林粮间作栽培。

4. 鲁光

由山东省果树研究所经人工杂交选育而成。1989 年定名。主要在山东、河南、山西、陕西、河北等地栽培。

树势中庸,树姿开张,树冠半圆形,分枝力较强。嫁接后 2 年开始形成混合芽,3~4 年出现较多。结果枝属长果枝型,果枝率 81.8%,侧生混合芽率 80.8%,每果枝平均坐果 1.3 个。雄先型,中熟品种。坚果长圆形,果基圆不,果顶微尖,纵径、横径、侧径平均 3.76 cm,坚果重 16.7 g。壳面光滑,缝合线平,不易开裂,壳厚 0.9 mm 左右。内褶壁退化,横隔膜膜质,易取整仁。核仁充实饱满,出仁率 59.1%,仁乳黄色,味香而不涩。

该品种适应性一般,早期生长势较强,产量中等,盛果期产量较高。坚果光滑美观,核仁饱满,品质上等。适宜在土层深厚的山地、丘陵地栽植,亦适宜林粮间作。

5. 丰辉

由山东省果树研究所经人工杂交选育而成。1989年定名。主要在山东、河南、山西、陕西、河北等地栽培。

树势中庸,树姿直立,树冠圆锥形,分枝力较强,抗病性较强。嫁接后第2年开始形成混合花芽,4年后出现雄花。雄先型,中熟品种。侧生混合芽率80%,每果枝坐果1.6个。坚果长椭圆形,基部圆,果顶尖。纵径、横径、侧径平均3.38 cm,坚果重12.2 g左右。壳面光滑,缝合线窄而平,结合紧密,壳厚0.95 mm左右。内褶壁退化,横隔膜膜质,易取整仁。核仁充实饱满、美观。出仁率57.7%,仁黄色,味香而不涩,品质极佳。

该品种适应性强,早期产量较高,盛果期产量中等。坚果光滑美观,核仁饱满,品质上等。抗病害能力较强,不耐干旱,适宜在土层深厚和有灌溉的条件下栽培。

6. 鲁香

由山东省果树研究所通过杂交选育而成。1989年定为优系。

树势中庸,树姿开张,树冠半圆形,分枝力强。雄先型,早熟品种。侧生混合芽率86.3%,坐果率82%,以中、短枝结果为主。早期丰产性强,嫁接在3年生本砧上,第2年株产0.75 kg,第4年平均株产3.5 kg。坚果倒卵形,果顶平而微凹,果基扁圆。纵径、横径、侧径平均3.57 cm,坚果重12.7 g,壳面刻沟浅、稀,较光滑,缝合线平,结合紧密,壳厚1.1 mm。内褶壁膜质,横隔不发达。可取整仁,出仁率66.5%。核仁饱满,有香味,品质上等。

该品种适应性广,抗逆性强,早实丰产,核仁饱满、味香浓,品质优。

7. 元丰

果卵形,重12 g,出仁率49.7%,适应性强,早实,丰产稳产。

8. 上宋 6 号

由王钧毅等于 1975 年从新疆早实核桃实生优株中选出。1979 年定为优系。已在山东、河南、陕西、河北等地栽植。

坚果卵形,纵径 3.99 cm,横径 3.5 cm,坚果重 9.67 g。壳面光滑,色浅,少有露仁;缝合线窄而平,结合紧密,壳厚 1 mm。内褶壁退化,横肉隔膜膜质,可取整仁。核仁充实饱满,仁色较深。含脂肪 70.38%,含蛋白质 21.38%。风味香,有涩味。11 年生母树,年产坚果 10 kg,嫁接 5 年生株产 3 kg。

树势中庸,开张;分枝力中等;侧生混合芽比率为 85%,早实型。每雌花序着生 2 朵雌花,坐果率 82%;雄花数量多,为雌先型。青果皮深绿色,无茸毛,果柄粗。在山东泰安地区雌花期为 4 月中旬,雄花期为 4 月下旬。坚果 8 月底成熟,抗病性较差。

本品种早实丰产性较强,核仁色深,嫁接成活率高,抗病性较差,宜在土层深厚的立地条件下栽植。

9. 辽核 1 号

由辽宁省经济林研究所经人工杂交培育而成。1980 年定名。已在辽宁、河南、河北、陕西、山西、北京、山东、湖北等地大面积栽培。

树势较旺,树姿直立或半开张,树冠圆头形,分枝力强,枝条粗壮密集。边疆丰产性强,有抗病、抗风和抗寒能力。雄先型,中、晚熟品种。结果枝属短枝型,侧生混合芽率 90%,坐果率约 60%。丰产性强,5 年生平均株产坚果 1.5 kg,最高达 5.1 kg。坚果圆形,果基平或圆,果顶略呈肩形,纵径、横径、侧径平均 3.3 cm,坚果重 9.4 g。壳面较光滑,缝合线微隆起或平,不易开裂,壳厚 0.9 mm 左右,内褶壁退化,可取整仁,出仁率 59.6%,核仁充实饱满,黄白色。

该品种长势旺,枝条粗壮,果枝率高,丰产性强,适应性强,比较耐寒、耐干旱,抗病性强。坚果品质优良,适宜在土壤条件较好的地方栽培和早密丰栽培。

10. 辽核 3 号

由辽宁省经济林研究所经人工杂交选育而成。1989 年定名。已在辽宁、河南、河北、山西、陕西等地大量栽培。

树势中庸,树姿开张,树冠半圆形,分枝力强,尤其是抽生二次枝的能力强,枝条多密集。抗病、抗风性较强。雄先型,中、晚熟品种。结果支属短枝型,侧生混合芽率 100%,一般坐果率 60%,最高可达 80%,丰产性强,5 年生株产 2.6 kg,最高达 4.0 kg。坚果椭圆形,果基圆,果顶圆并突尖。纵径、横径、侧径平均 3.15 cm,坚果重 9.8 g。壳面较光滑,缝合线微隆,不易开裂,壳厚 1.1 mm。内褶壁膜质或退化,可取整仁或 1/2 仁。核仁饱满、浅黄色,风味佳,出仁率 58.2%。

该品种树势中等,树姿较开张,分枝力强,果枝率及坐果率高,抗病性很强,坚果品质优良,适宜在我国北方核桃栽培区发展。

11. 辽核 4 号

由辽宁省经济林研究所经人工杂交选育而成。1990 年定名。目前已在辽宁、河南、山西、陕西、河北、山东等地大量栽培。

树势中庸,树姿直立或半开张,树冠圆头形,分枝力强。雄先型,晚熟品种。侧生混合芽率 90%,每果枝平均坐果 1.5 个,丰产性强,8 年生平均株产 6.9 kg,最高达 9.0 kg。大小年不明显。坚果圆形,果基圆,果顶圆并微尖。纵径、横径、侧径平均 3.37 cm,坚果重 11.4 g。壳面光滑美观,缝合线平或微隆起,结合紧密,壳厚 0.9 mm。内褶壁膜质或退化,可取整仁。核仁充实饱满,黄白色,出仁率 59.7%。风味好,品质极佳。

该品种果枝率和坐果率高,连续丰产性强,坚果品质优良。适应性,抗病性极强,抗寒、耐旱,适宜在北方核桃栽培区发展。

12. 辽核 5 号

由刘万生等通过人工杂交育成。亲本为新疆薄壳 3 号的实生株系 20905(早实)×新疆露仁 1 号的实生株系 20104(早实)。原代号 7244、60801。1990 年定名。已在辽宁、河南、河北、山西、陕西、北京、山东、江苏、湖北、江西等地栽培。

坚果长扁圆形,果基圆,果顶肩状,微突尖。纵径 3.8 cm,横径 3.2 cm,侧径 3.5 cm,坚果重 10.3 g。壳面光滑,色浅;缝合线宽而平,结合紧密,壳厚 1.1 mm。内褶壁膜质,横隔窄或退化,可取整仁或 1/2 仁。核仁较充实饱满,核仁重 5.6 g,出仁率 54.4%。核仁浅黄褐色,纹理不明显,风味佳。

树势中等,树姿开张,分枝力强,枝条密集,果枝极短,为 4～6 cm,属短枝类型。树体矮化,5 年生树高 2.04 m,干径粗 6.4 cm,冠幅 2.5 直径米。侧芽形成混合芽率为 95% 以上。少二次枝。1 年生枝呈绿褐色,节间极短,为 0.5～1.0 cm。芽为圆形或阔三角形,雄花芽少。每雌花序着生 2～4 朵雌花,座果率为 55% 以上,双果率为 54.5%,3 果率 27.3%,1 果和 4 果率只占 18.2%。果柄极短,为 0.5～1 cm 左右,青果皮厚 3.0 mm 左右。在辽宁大连地区 4 月下旬或 5 月上旬雌花盛期,5 月中旬雄花散粉,属于雌先型。5 月下旬或 6 月上旬抽生二次枝,9 月中旬坚果成熟,11 月上旬落叶。抗病性强,果实抗风力强。

该品种树势中等,树姿开张,分枝力强,果枝率高,丰产性特强,抗病,特抗风,坚果品质优良,连续丰产性强,适宜在我国北方核桃栽培区和常有大风灾害的地区发展。

13. 绿波

由河南省林业科学研究所从新疆核桃实生树中选育而成。1989 年定名。主要在河南、山西、河北、陕西、辽宁、甘肃、湖南等地栽培。

树势较强,树姿开张,分枝力中等,有二次枝,树冠圆头形,连续丰产性强,适宜在土壤较好的地方栽植。雌先型,早熟品种,侧生混合芽率 80%,每果枝平均坐果 1.6 个,多为双果,坐果率

68%。嫁接后2年形成雌花,3年出现雄花。属短枝型。丰产,高接在8年生砧木上4年株产坚果6.5 kg,最高达15 kg。坚果卵圆形,果基圆,果顶尖。纵径、横径、侧径平均3.42 mm,坚果重11 g左右,壳面较光滑,有小麻点,缝合线窄而凸,结合紧密,壳厚1.0 mm,内褶壁退化,横隔膜膜质,可取整仁。出仁率59%左右,核仁较充实饱满,仁黄色,味香而不涩。

该品种长势旺,适应性强,抗果实病害,丰产,优质,宜加工核桃仁,适于华北黄土丘陵区栽培。

14. 陕核1号

由陕西省果树研究所从扶风县隔年核桃实生群体中选出。1989年定名。已在陕西、河南、辽宁、北京等地栽培。

树势较强,树姿半开张,树冠半圆头形,为短枝型品种,分枝力强,丰产性和抗病性均强。雄先型,中熟品种。侧生混合芽率47%,每果枝坐果1.36个。坚果近圆形,纵径、横径、侧径平均3.48 cm,坚果重11.8 g。壳面光滑,壳厚1.09 mm。可取整仁或1/2仁,乳黄色,出仁率60%,风味好。

该品种短果枝结果,丰产;但坚果较小。适宜加工销售,可在西北、华北核桃栽培区栽培。

15. 陕核5号

由杨卫昌等从新疆早实核桃实生树中选出。在陕西陇县、眉县、商洛等地成片栽植。现已在河南、山西、北京、辽宁、山东等地栽植。

坚果中等偏大,长圆形。坚果重10.7 g。壳薄,有时露仁,取仁极易,可取整仁。仁重5.9 g,出仁率55%。仁色浅,风味甜香,粗脂肪含量69.07%。品质优良,较丰产,树冠垂直投影产核仁143 g/m^2。

树势旺盛,树姿半开张;14年生母树高8.3 m。枝条长而较细,分布较稀。分枝力为1:4.6,侧生混合芽比例为100%。平均每果枝坐果1.3个。雌先型,在陕西4月上旬发芽;4月下旬雌花盛开;雄花散粉始于5月上旬。9月上旬坚果成熟,9月下旬开始落叶。

该优系树体生长快,坚果品质优良,但早期丰产性较差,核仁常不充实。宜在肥水条件较好的条件下栽植或与农作物间种。

16. 中林1号

由中国林科院林业研究所经人工杂交选育而成。1989年定名。现在河南、山西、陕西、四川、湖北等地栽培。

树势较强,树姿较直立,树冠椭圆形,分枝力强,丰产性强。雌先型,中熟品种。侧生混合芽率90%,每果枝平均坐果1.39个。丰产,高接在15年生砧木上第3年最高株产10 kg。坚果圆形,果基圆,果顶扁圆。纵径、横径、侧径平均3.38 cm,坚果重14 g。壳面较粗糙,缝合线两侧有较深麻点;缝合线中宽凸起,顶有小尖,结合紧密,壳厚1.0 mm。内褶壁略延伸,膜质,横隔膜膜质,可取整仁或1/2仁,出仁率54%。核仁充实饱满,仁乳黄色,风味好。

该品种生长势较强,生长迅速,丰产潜力大,坚果品质中等,适生能力较强,壳有一定的强度,耐清洗、漂白及运输,尤宜作加工品种。也是理想的材果兼用品种。

17. 中林3号

由中国林科院林业研究所经人工杂交培育而成。1989年定名。现在河南、山西、陕西等地栽培。

树势较旺,树姿半开张,分枝力较强。雌先型,中熟品种。侧花芽率50%以上,幼树2~3年开始结果。丰产性极强,6年生株产7 kg以上。坚果椭圆形,纵径、横径、侧径平均3.66 cm,坚果重11.0 g。壳面较光滑,在靠近缝合线处有麻点,缝合线窄而凸起,结合紧密,壳厚1.2 mm。内褶壁退化,横隔膜膜质,易取整仁。出仁率60%,核仁充实饱满,乳黄色,品质上等。

该品种适应性强,品质佳。由于树势较旺,生长快,也可作农田防护林的材、果兼用树种。

18. 中林 5 号

由中国林科院林业研究所经人工杂交培育而成。1989 年定名。现在河南、山西、陕西、四川、湖南等地栽培。

树势中庸,树姿较开张,树冠长椭圆至圆头形,分枝力强,枝条节间短而粗,丰产性好。雌先型、早熟品种。结果枝属短枝型,侧生混合芽率 90%,每果枝平均坐果 1.64 个。坚果圆形,果基平,果顶平。纵径、横径、侧径平均 3.22 cm,坚果重 13.3 g。壳面光滑,缝合线较窄而平,结合紧密,壳厚 1.0 mm。内褶壁膜质,横隔膜膜质,易取整仁。出仁率 58%,核仁充实饱满,仁乳黄色,风味佳。

该品种适应性强,特丰产,品质优良,核壳较薄,不耐挤压,贮藏运输时注意包装。适宜密植栽培。

19. 中林 6 号

由中国林科院林业研究所经人工杂交培育而成。1989 年定名。现在河南、山西、陕西等地栽培。

树势较旺,树姿较开张,分枝力强。侧生混合芽率 95%,每果枝平均坐果 1.2 个。较丰产,6 年生树株产坚果 4 kg。坚果略长圆形,纵径、横径、侧径平均 3.7 cm,坚果重 13.8 g。壳面光滑,缝合线中等宽度,平滑且结合紧密,壳厚 1.0 mm。内褶壁退化,横隔膜膜质,易取整仁。出仁率 54.3%,核仁充实饱满,仁乳黄色,风味佳。

该品种生长势较旺,分枝力强,单果多,产量中上等,坚果品质极佳,宜带壳销售。抗病性较强,适宜在华北、中南及西南海拔地区栽培。

20. 温 185

由原新疆维吾尔自治区林科院在阿克苏市温宿县薄壳实生群体中选出。1989 年定名。主要在新疆阿克苏、喀什等地栽培,现已在河南、陕西、山东、辽宁等地栽培。

树势较强,树姿较开张。枝条粗壮,发枝力极强,有二次枝。雌先型,早熟品种。侧生混合芽率100%,每果枝平均坐果1.71个。坚果圆形或长圆形,果基圆,果顶渐尖。纵径、横径、侧径平均3.4 cm,坚果重15.8 g。壳面光滑,缝合线平或微凸起,结合紧密,壳厚0.8 mm。内褶壁退化,横肉隔膜膜质,易取整仁。出仁率65.9%,核仁充实饱满,乳黄色,味香。

该品种抗逆性强,早期丰产性极强,坚果品质极优,对肥水条件要求较高,适宜密植栽培。

21. 新早丰

由新疆维吾尔自治区林科院从阿克苏市温宿县早丰、薄壳实生群体中选出。1989年定名。主要在新疆阿克苏市、喀什市、和田市等地栽培;现已在河南、陕西、辽宁等地栽培。

树势中庸,树姿开张,树冠圆头形,分枝力极强。雄先型,中熟品种。侧生混合芽率97%,每果枝平均坐果2个。1年生枝条粗壮,短果枝占43.8%,中果枝占55.6%,长果枝占0.6%。坚果椭圆形,果基圆,果顶渐小,突尖。纵径、横径、侧径平均3.54 cm,坚果重13.1 g。壳面光滑,缝合线平,结合紧密,壳厚1.23 mm。出仁率51.0%。核仁饱满,乳黄色,味香,品质中上等。

该品种发枝力强,坚果品质优良,早期丰产性强,较耐干旱,抗寒、抗病性较强。宜在肥水条件较好的地区栽培。

22. (阿扎)343号

由新疆维吾尔自治区林科院从实生群体中选育而成。1989年定名。主要在新疆阿克苏市、喀什市、和田市等地栽培;现已在河南、陕西、辽宁等地栽培。

树势旺盛,树姿开张,树冠圆头形,发枝力强。雄先型,中熟品种,结果枝属中短枝型,侧生混合芽率93%。实生树2~3年生或嫁接后2年出现雌花。丰产性强,高接在17年生的砧木上,第2年开始结果,第4年平均株产5.14 kg。坚果椭圆或卵圆形,果基圆,果顶小而圆。纵径、横径、侧径平均 3.7 cm,坚果重 16.4 g。壳面光滑,缝合线窄而平,结合较紧密,壳厚 1.16 mm。内褶壁和横隔膜膜质,易取整仁,出仁率 54.0%,乳黄至浅琥珀色,味香。在肥水条件较差时核仁常不饱满。

该品种适应性强,产量高而稳。坚果外观美观,适宜带壳销售。雄花先开,花粉量大,花期长,是雌先型品种理想的授粉品种。

23. 薄丰

由河南省林业科学研究所从河南嵩县山城新疆核桃实生园中选出。1989 年定名。主要在河南、山西、陕西、甘肃等地栽培。

树势强旺,树姿开张,分枝力较强。雄先型,中熟品种。侧生混合芽率达 90% 以上。嫁接后第 2 年即开始形成雌花,第 3 年出现雄花。坐果率在 64% 左右,多为双果。嫁接苗 2 年开始结果,4 年生株产坚果 4 kg,5 年生株产坚果 7 kg,6 年生株产坚果 15 kg。坚果重 13 克左右。壳面光滑,缝合线窄而平,结合较紧密,外形美观,壳厚 1.0 毫米。内褶壁退化,横隔膜膜质,可取整仁。出仁率 58% 左右,味浓香。

该品种适应性强,耐旱,坚果外形美观,商品性能好,品质优良,适宜在华北、西北丘陵山区栽培。

24. 西扶 1 号

由原西北林学院从陕西扶风县隔年核桃实生后代中选育而成。1989 年定名。在陕西、河南、河北、山西、甘肃、北京等地栽培。

树势中庸,树姿较开张,树冠圆头形,分枝力中等,丰产性及抗病性均强。雄先型,晚熟品种。侧生混合芽率 90%,长、中、短果枝比例为 25∶55∶20,每果枝平均坐果 1.29 个。坚果长圆形,果基圆形。纵径、横径、侧径平均 3.17 厘米,坚果重 12.5 克。壳面光滑,缝合线窄而平,结合紧密,壳厚 1.2 毫米。内褶壁退化,横肉隔膜膜质,易取整仁。出仁率 53.0%,核仁充实饱满,味甜香。

该品种适应性强,早期丰产性强,有较强的抗性,适于在华北、西北及秦巴山区等地栽培。

25. 西林 2 号

由原西北林学院从早实、薄壳、大果核桃实生后代中选育而成。1989 年定名。主要栽培于陕西、河南、宁夏等地。

树势强健,树姿开张,树冠呈自然开心形,分枝力强,节间短。雌先型,早熟品种,侧生混合芽率 88%,每果枝平均坐果 1.2 个,长、中、短果枝比为 35:35:30。坚果圆形,纵径、横径、侧径平均 3.94 cm,坚果重 14.2 g。壳面光滑,略有小麻点;缝合线窄而平,结合紧密,壳厚 1.21 mm。内褶壁退化,横隔膜膜质,易取整仁。核仁充实饱满,出仁率 61%。核仁呈乳黄色,味脆而甜香。

该品种生长势强,早实丰产,适应性较强。坚果个大均匀,品质优良,宜作生食。适宜于华北、西北及平原地区栽培。

26. 晋香

由山西省林业科学研究所从祁县核桃良种场中选育出。1991 年定名。主要在山西、河南、陕西、辽宁等地栽培。

树势强健,树姿较开张,树冠矮小,半圆形,分枝力强。14 年生母树年产核桃 12 kg 左右。嫁接苗 2 年结果,6 年生株产核桃 4 kg。坚果圆形,纵径、横径、侧径平均 3.57 cm,坚果重 11.5 g。壳面光滑美观,缝合线平,结合较紧密,壳厚 0.82 mm。内褶壁退化,横肉隔膜膜质,可取整仁,出仁率 63% 左右。仁饱满,乳黄色,味香甜。

该品种丰产性强,坚果美观,出仁率高,生食、加工皆宜。抗寒、耐旱、抗病性强,适宜矮化密植栽培。要求肥水条件较高,适宜在我国北方平原或丘陵区土肥水条件较好地块栽培。

27. 中核短枝

由中国农业科学院郑州果树研究所选育而成。2004 年定为优系。

树势中庸,树姿较开张,树冠长椭圆至圆头形,分枝力强,枝条节间短而粗,丰产性好。雌先型,9月中旬成熟。结果枝属短枝型,侧生混合芽率92%,每果枝平均坐果2.64个。坚果圆形,果基平,果顶平。纵径、横径、侧径平均3.32 cm,坚果重15.3 g。壳面光滑,缝合线较窄而平,结合紧密,壳厚1.0 mm。内褶壁膜质,横隔膜膜质,易取整仁。出仁率63.8%,核仁充实饱满,仁乳黄色,风味佳。

该品种适应性强,特丰产,品质优良,结果早,产量高,栽后当年结果,5年亩产达千斤。适宜密植栽培。

28. 新巨丰

由张树信等于1983年从新疆温宿县木本粮油林场和春4号实生后代中选出。1989年定名。原代号为温246号。主要栽培于新疆阿克苏、山西等地。

坚果大,椭圆形,果基圆,果顶圆稍细,微尖。纵径7 cm,横径4.6 cm,侧径4.9 cm,平均5.5 cm,坚果重29.2 g。壳面较光滑,色较浅;缝合线微隆起,结合紧密,壳厚1.38 mm。内褶壁革质,横隔革质,易取整仁。核仁重14.15 g,出仁率48.5%。核仁色较深,味甜香,核仁基部不甚饱满。

树势强,树姿开张,发枝力强,为1:3.7;果枝率81.1%。1年生枝条绿褐色,枝条粗壮,短果枝占16.3%,中果枝占56.1%,长果枝占27.4%。混合芽大而饱满,复叶有3~9片小叶。砧苗嫁接后2年开始开花,雌花序可着生1~3朵雌花其中。单果占52.9%,双果占35.3%,3果占11.8%,少有4果,果枝平均着果1.8个。雌先型。雌花期4月下旬至5月上旬,比雄花散粉期早8~10天。9月下旬坚果成熟,11月上旬落叶。较耐干旱,较耐盐碱,抗病、抗寒。

该品种树势强,抗逆性强,产量高,坚果特大,但核仁基部不饱满;充实度稍差。适宜在水肥较好的立地上栽培。

二、晚实核桃品种

1. 礼品 1 号

由辽宁省经济林研究所从新疆纸皮核桃的实生后代中选出。1989年定名。已在辽宁、河南、北京、河北、山西、陕西、甘肃等地栽培。

树势中庸树姿开张,分枝力中等。雄先型,中熟品种。实生树6年生或嫁接树3年生出现雌花,6~8年生以后出现雄花,丰产性中等。果枝率为50%左右,每果枝平均坐果1.2个,坐果率50%以上,属长果枝型。坚果长圆形,基部圆,顶部圆并微尖,坚果大小均匀,果形美观。纵径、横径、侧径平均3.6 cm,坚果重9.7 g左右。壳面刻沟极少而浅,缝合线平且紧密,壳厚0.6 mm左右。内褶壁退化,可取整仁,种仁饱满,种皮黄白色,出仁率70.0%,品质极佳。

该品种坚果大小一致,壳面光滑,取仁极易,出仁率高,品质极佳。常作为馈赠亲友的礼品。抗病耐寒,适宜北方栽培区发展。

2. 礼品 2 号

由辽宁省经济林研究所从新疆纸皮核桃的实生后代中选出。1989年定名。已在辽宁、河北、北京、山西、河南等地扩大栽培。

树势中庸,树姿半开张,分枝力较强。雌先型,中熟品种。实生树6年生或嫁接树4年生开花结果,高接后3年结果,结果母枝顶部抽生2~4年结果枝,果枝率60%左右,属中、短果枝型,每果枝平均坐果1.3个,坐果率70%以上,多双果。丰产,15年生母树年产坚果14.6 kg,10年生嫁接树株产5.4 kg。坚果较大,长圆形,果基圆,顶部圆微尖。纵径、横径、侧径平均4.0 cm,坚果重13.5 g,壳面较光滑,缝合线窄而平,结合较紧密,但轻捏即开,壳厚0.7 mm。内褶壁退化,极易取整仁,出仁率67.4%,仁饱满,品质好。

该品种丰产抗病,坚果大,壳极薄,出仁率高,属纸皮类。适宜在我国北方核桃栽培区发展。

3. 晋龙 1 号

由山西省林业科学研究所从实生核桃群体中选出。1990 年定名。主要栽培于山西、北京、山东、陕西、江西等地。

幼树树势较旺,结果后逐渐开张,树冠圆头形,分枝力中等。嫁接后 2～3 年开始结果,3～4 年后出现雄花。雄先型。果枝率 45%左右,果枝平均长 7 cm,属中、短果枝型,每果枝平均坐果 1.5 个,坐果率 65%左右,多双果。坚果近圆形,果基微,果顶平。纵径、横径、侧径平均 3.82 cm,坚果重 14.85 g。壳面较光滑,有小麻点,缝合线窄而平,结合较紧密,壳厚 1.09 mm。内褶壁退化,横隔膜膜质,易取整仁,出仁率 61%。仁饱满,黄白色,品质上等。

该品种果型大,品质优,适应性强,2 年生嫁接苗开花株率达 23%,抗寒、耐旱、抗病性强,适宜在华北、西北地区丘陵山区发展。

4. 晋龙 2 号

由山西省林业科学研究所从实生核桃群体中选出。1990 年定名。主要在山西、山东、北京等地栽培。

树势强,树姿开张,树冠半圆形。雄先型,中熟品种。果枝率 12.6%,每果枝平均坐果 1.53 个。嫁接苗 3 年开始结果,8 年生树株产坚果 5 kg 左右。坚果近圆形,纵径、横径、侧径平均 3.77 cm,坚果重 15.92 g。缝合线窄而平,结合紧密,壳面光滑美观,壳厚 1.22 mm。内褶壁退化,横隔膜膜质,可取整仁。出仁率 56.7%,仁饱满,淡黄白,风味香甜,品质上等。

该品种果型大而美观,生食、加工皆宜,丰产、稳产,抗逆性强,适宜在华北、西北丘陵山区发展。

5. 晋薄 1 号

由山西省林业科学研究所从晚实实生核桃中选出。1991 年定名。主要栽培于山西、山东、河南等省。

树冠高大,树势强健,树姿开张,树冠半圆形,分枝力强。中熟品种。每雌花序多着生2朵雌花,双果较多。坚果长圆形。纵径、横径、侧径平均3.38 cm,坚果重11.0 g。壳面光滑美观,缝合线窄而平,结合紧密,壳厚0.86 mm。内褶壁退化,横隔膜膜质,可取整仁。出仁率63%左右,仁乳黄色,饱满,风味香甜,品质上等。

该品种坚果品质极优,果形美观,壳薄、仁厚。生食、加工皆宜。高接3年开始结果,较丰产,抗性强。适宜在华北、西北丘陵山区发展。

6. 晋薄2号

由山西省林业科学研究所从晚实实生核桃中选出。1991年定名。主要栽培于山西、山东、河南等地。

树势中庸,树冠中大,树冠圆球形,分枝力较强。雄先型,中熟品种。短果枝结果为主,每雌花序多着生2~3朵花,双果、3果较多。坚果圆形,纵径、横径、侧径平均3.67 cm,坚果重12.1 g。壳厚0.63 mm。表皮光滑,少数露仁。内褶壁退化,可取整仁。出仁率71.1%,仁乳黄色,饱满,风味香甜,品质上等。

该品种坚果品质极优,出仁率高,生食、加工皆宜。高接后3年开始结果。抗寒,耐旱,抗病性强。适宜在华北、西北丘陵山区发展。

7. 西洛1号

由原西北林学院从陕西洛南县核桃实生园中选出。1984年定名。主要在陕西、甘肃、山西、河南、山东、四川、湖北等地栽培。

树势中庸,树姿直立,盛果期较开张,分枝力较强。雄先型,晚熟品种。侧生混合芽率为12%,果枝率35%,长、中、短果枝的比例为40:29:31。坐果率60%左右,多为双果。坚果近圆形,果基圆形。纵径、横径、侧径平均3.57 cm,坚果重13 g。壳面较光滑,缝合线窄而平,结合紧密,壳厚1.13 mm。内褶壁退化,横隔膜膜质,易取整仁,出仁率57％。核仁充实饱满,风味香脆。

该品种果实大小均匀,品质极优。适宜在秦巴山区,黄土高原以及华北平原地区栽培。

8. 西洛2号

由原西北林学院从陕西洛南县核桃实生园中选出。1987年定名。已在陕西、河南、四川、甘肃、山西、宁夏等地栽培。

树势中庸,树姿早期较直立,以后多开张,分枝力中等。雄先型,晚熟品种。侧生混合芽率30％,果枝率44％,长、中、短果枝的比例为40∶30∶30。坐果率65％,其中85％为双果。坚果长圆形,果基圆形。纵径、横径、侧径平均3.6 cm,坚果重13.1 g。壳面较光滑,有稀疏小麻点,缝合线平,结合紧密,壳厚1.26 mm。内褶壁退化,横隔膜膜质,易取仁,出仁率54％。核仁充实饱满,乳黄色,味甜香,不涩。

该品种有较强的抗旱、抗病性,耐瘠薄土壤。坚果外形美观,核仁甜香。在不同立地条件下均表现丰产。适宜于秦巴山区、西北、华北地区栽培。

9. 豫786

由河南省林业科学研究所1978年选择获得的优良单株,1988年定为优系,并在河南省核桃主要产区扩大试种。

树势中庸,树姿较开张,分枝力中等。雌先型,早熟品种。坐果率80％左右,以短果枝结果为主,果枝短而细。嫁接后3年结果,5年株产坚果2 kg。坚果方圆形,纵径、横径、侧径平均3.6 cm,坚果重12 g左右。壳面光滑,缝合线平,结合紧密,壳厚1.1 mm。内褶壁退化,横隔膜膜质,可取整仁,出仁率56％。核仁充实饱满,色浅黄,味香甜而不涩。

该优系坚果品质优良,丰产,抗果实病害。适宜在西北、华北丘陵山区发展。

10. 秦核 1 号

由陕西省果树研究所主持的全省核桃选优协作组选出。

树势旺盛,丰产性强。长果枝型。坚果壳面光滑美观,纵径、横径、侧径平均 3.7 cm,坚果重 14.3 g,果壳厚 1.1 mm,仁饱满,出仁率 53.3%。品质好,丰产稳产,适应性强。

11. 北京 746 号

由北京市农林科学院林果所从晚实核桃实生后代中选出。1986 年定名。主要栽培于北京、山西、河北、河南等地。

树势较强,树姿较开张,分枝力中等。雄先型,中熟品种。每母枝平均发枝 2.1 个。侧生混合芽率 20% 左右,侧枝果枝率 10% 左右。坐果率在 60% 左右,双果率 70% 左右。高接后 2 年即形成混合花芽,3 年后出现雄花。坚果圆形,果基圆,果顶微尖。纵径、横径、侧径平均 3.3 cm,坚果重 11.7 g。壳面光滑,外观较好。缝合线窄而平,结合紧密,壳厚 1.2 mm。内褶壁退化,横隔膜革质,易取整仁,出仁率 54.7%。仁饱满,乳白色,风味佳,浓香不涩。

该品种抗病,适应性强。产量高,连续结果能力强。坚果中等大小,品质优良,出仁率高,宜带壳销售。适宜在华北地区栽培。

三、铁核桃品种

1. 黔 1 号

树势旺盛,树姿直立。适宜在年平均温度 12 ℃ 以上,生长期 230 天以上的地区种植。发芽较晚,雄先型。坚果圆形,坚果重 8.4 g。壳面有浅麻点;缝合线窄而凸起,结合较紧密,易取整仁。出仁率 63%。核仁充实,饱满,乳黄色,风味香。

该品种较丰产,坚果虽小而质优,适宜在西南高原黄棕壤土和黄壤土等地区种植。

2. 黔 2 号

树势旺盛,树姿直立,适宜在年平均温度 12 ℃以上,生长期 230 天以上的地区种植。发芽较晚,雄先型。嫁接树第 2~4 年开始结果。8 年后进入盛果期。坚果圆形,坚果重 13 g。壳面有浅麻点;缝合线窄而平,结合紧密,易取整仁,出仁率 59%。核仁充实,饱满,乳黄色,风味香。

该品种抗旱性强,早期丰产,抗病性强,适宜在西南高山地区种植。

3. 黔 3 号

由贵州省林业科学研究所经实生选育而成。树势中等,树姿直立。适宜在年平均温度 12 ℃以上,生长期 200 天以上的地区种植。发芽较晚,雄先型。嫁接树第 2~4 年开始结果。坚果圆形,坚果重 10.3 g。壳面有浅麻点;缝合线窄而凸起,结合紧密,较易取整仁,出仁率 67%。核仁充实,饱满,乳黄色,风味香。

该品种适应性强,早期丰产,抗病性强,适宜在西南高山地区种植。

4. 云新系列

是铁核桃和核桃的杂交种。嫁接树第 2 年开始结果,5 年后进入盛果期。适宜在年平均温度 12 ℃以上,生长期 220 天以上的地区种植。发芽较早,雌先型。坚果长圆球形,坚果重 13 g。壳面比较光滑,有浅麻点;缝合线凸起,结合紧密,较易取整仁,出仁率 52%。核仁充实,饱满,乳黄色,风味香。

该品种适应性强,早期丰产,抗病性强,适宜在西南海拔 1 600~2 100 m 处种植。

四、国外优良核桃良种

1. 清香

产地日本,由日本清水直江从晚实核桃的实生群体中选出。1948年定名。

树势中庸,树姿半开张。幼树期生长较旺,结果后树势稳定。雄先型,晚熟品种。一般仅顶芽能够结实,结果枝60%以上,连续结果能力强,坐果率85%以上,丰产。发枝率1:2.3,双果率高。丰产性强,嫁接后3年结果,5年丰产,亩产坚果278 kg。坚果椭圆形,外形美观,坚果重14.3 g。缝合线紧密,极耐漂洗,壳厚1.0 mm,内隔膜退化,可取整仁,出仁率53%左右,仁饱满,色浅黄,风味香甜,无涩味。

该品种树势强健,抗旱耐瘠薄,对土壤要求不严。开花晚,抗晚霜。中熟品种。对炭疽病、黑斑病抵抗能力较强。果型大而美观,核仁品质好,丰产性强。适宜在华北、西北、东北南部及西南部分地区大面积发展。

2. 强特勒

产地美国,为美国主栽早实核桃品种,1984年引入中国。

树势中庸,树姿较直立,小枝粗壮,节间中等。发芽晚,雄先型。侧生混合芽率90%以上。适宜在年平均温度11℃以上,生长期220天以上的地区种植。嫁接树2年开始结果,4~5年后形成雄花序。坚果长圆形,纵径、横径、侧径平均4.4 cm,坚果重11 g,壳面光滑,色较浅;缝合线窄而平,结合紧密,易取整仁,壳厚1.5 mm,出仁率50%。核仁充实,饱满,色乳黄,风味香。

该品种适应性强,产量中等,核仁品质极佳,较耐高温。发芽晚,抗晚霜,适宜在有灌溉条件的深厚土壤上种植。

3. 彼得罗

产地美国,1984年引入中国。

坚果大,长椭圆形,坚果重12 g。壳面较光滑;缝合线略凸起,结合紧密;壳厚约1.6 mm。易取仁,出仁率48%。

该品种坚果较大,发芽晚,抗晚霜危害。为晚熟品种,适宜在生长期200天以上的地区栽培。

4. 维纳

产地美国,美国主栽品种,1984年引入中国。

树体中等大小,树势强,树姿较直立。侧生混合芽率80%以上,早实型品种。雄先型,中熟品种。坚果锥形,果基平,果顶渐尖,坚果重11 g。壳厚1.4 mm,光滑。缝合线略宽而平,结合紧密。易取仁,出仁率50%。

该品种适应华北核桃栽培区的气候,抗寒性强于其他美国栽培品种。早期丰产性强。

5. 特哈玛

产地美国,1984年引入中国。

树势较旺,树姿直立。雄先型,晚熟品种。坚果椭圆形,坚果重11 g。壳面较光滑,缝合线略凸起,结合紧密,壳厚1.5 mm。易取仁,出仁率50%以上。

该品种适宜作农田防护林。发芽较晚,可免遭春季晚霜危害。适合在北京及其以南地区栽培。

6. 希尔

产地美国,是美国20世纪70年代主栽品种,1984年引入中国。

坚果大,略椭圆形,坚果重12 g。壳薄,约1.2 mm,壳面较光滑,缝合线结合较紧密。易取仁,出仁率59%。

该品种坚果较大,品质优良,树势旺盛,但落花较严重,丰产性差。适宜作防护林林果兼用树种。

第五章　优质核桃无公害丰产栽培园的建立

核桃园建立是核桃树生产的基本建设。建园质量好坏是核桃能否早结果、早丰产和优质丰产的基础,关系到整个果园的效益。因此建园时,必须要有长远打算,全面规划,周密考虑当地农业结构、经济社会条件、适宜栽培核桃土地面积,认真选择园址、园地,应用优良品种、优良砧木,实行合理密植;科学栽培,为核桃的优质、高产创造良好的生态环境条件。

一、园地的选择

建立优质核桃无公害生产园,首先必须根据核桃树生长发育规律、品种特性及其对外界自然条件的要求,又要考虑到今后核桃园的肥水来源果品贮藏运输、机械化管理等问题,正确选定园址。

(一)环境要求

1. 温度

核桃的天然产地大都是较温暖的地带,现在大量栽培区域主要纬度为 $10°\sim40°$。无霜期180天以上,年平均温度 $8\sim16$ ℃的地区均可栽植。核桃在休眠期能耐 -20 ℃ 的低温,部分品种耐寒可达 -30 ℃。春季萌芽后耐寒能力降低,如温度降到 $-2\sim-4$ ℃,可使新梢受冻,花期和幼果期温度降到 $-1\sim-2$ ℃ 时,即受冻减产。夏季温度超过 38 ℃ 以上,果实易灼伤,核仁不能发育或变黑。2002 年林州出现干旱高温,温度有时高达 40 ℃ 以上,核桃受害严重,仁干瘪。

2. 水分

核桃对大气湿度的要求并不严,在干燥的气候环境下生长结果仍然正常。而土壤温度对核桃生长发育则较敏感,过旱过湿均不利于核桃的生长结果。幼苗期水分不足时,生长停止。结果期在过旱的条件下,树势生长弱,叶片小,果子小,甚至落果、落叶,这种情况称为"生理干旱",必须浇水。晴朗而干燥的气候能促进开花结实。核桃在排水不良长期积水的情况下,特别是受到污染,就会产生缺氧,造成根系腐烂,甚至整株死亡。建立无公害优质丰产核桃园,要达到旱能浇,涝能排,要求清洁无污染,符合国家农田灌溉水质量标准。

3. 土壤

核桃对土壤的适应性强,无论是丘陵、山地、平川,只要土层较厚,排水良好的地方都能生长。在土壤疏松、排水良好的河谷,冲积地则更好。地下水位 1.5 m 以下,PH 值 7.0~8.2 的中性微碱性土壤中生长良好。在土层浅、土壤过于黏重的结板地方则生长不良,树冠小,生长慢,果子小。建立核桃园,条件越差,深翻改土的效果越明显。生产无公害优质核桃土壤必须符合环境质量标准,核桃园的必测项目是:汞、镉、铅、砷、锰等重金属和六六六、滴滴涕 2 种农药等不得超标,才能作为生产无公害核桃基地。因此,建核桃园要远离城市、村庄、企业、厂矿、车站、公路等易受环境污染区。

4. 光照

核桃为喜光树种,尤其是进入结果期的树要需要充足的光照。在通风透光不良的情况下产量低。放任树产量低的原因就是因枝条密闭,树冠内膛光照不足,只有部分顶梢结果。成片栽培的核桃园边缘植株生长好,结果多。同一植株也是外围枝比内膛结果多。因此在选择地形、选用栽植密度、树形、主侧枝的配置方面都应考虑光照问题。

(二)分布特点

核桃在我国栽培历史悠久,根据古化石、孢粉和炭化核桃标本的研究,核桃在我国已有7 000年左右的栽培历史,是世界核桃原产地之一。栽培面积大,约1 500万亩。种质资源丰富,分布广,突出表现在有两种类型、三大中心和五个特点。两种类型是:早实核桃类型和晚实核桃类型。三大中心是:野生核桃栽培中心主要分布在大西北,普通核桃栽培中心,主要分布在华北区,云南、贵州,为铁核桃栽培中心。各地均有许多优良品种和优系。五大特点是:一是适应性强,分布地区广,我国华北、西北、西南各省都有栽培,而以山东、河北、河南、陕西、山西、浙江、甘肃、青岛、四川、云南、贵州、湖北西部及新疆南部所产尤多。其中山东的益都、寿光,山西的汾阳、孝义地区,河南的林州、洛宁、卢氏,河北的昌黎、滦县、陕西的商洛地区,甘肃的武威,贵州的湄潭、新疆的和田、莎车、叶城、阿克苏,云南的漾濞、大理都是核桃的主要产区。其他辽宁南部、江苏、安徽等省也有栽培,在广东、福建、台湾由于气温过高,在东北北部及陕西北部、新疆北部则由于气温严寒栽培较少。二是种类繁多,有普通栽培、野生栽培和野生型过渡到栽培型三种类型;三是树龄古老,树龄在100年以上的在全国老产区可谓星罗棋布,处处可见,在新疆、西藏有的逾千年。四是丰产性好,含油高。高产优株可产100余千克,有的大树可达500千克。据测定我国多数栽培核桃的含油量在60%以上,高达76%。五是核桃栽培品种化、管理园艺化,走产供销一体化的道路已成为趋势,只要推广新品种、新技术,领导重视,措施落实,注重效益,就会在坚果产量和品质方面赶超技术先进的国家。

二、园地的规划设计

核桃大多栽植在田边、地堰或利用四旁隙地零星栽植，近年来成片栽植逐渐增多。随着土地的科学利用和机械化程度的提高，园地选择与规划是一项十分重要的工作。园地选定后，应根据建园任务与当地自然条件，本着集约化、规模化、充分利用土地、光能、空间的原则和便于经营管理进行全面规划。规划的内容包括小区的划分；道路系统的安排；管护房的设置；排灌系统的设计；防护林的营造；山地水土保持工程的修建等。

1. 小区规划

为了便于管理，建立核桃园应因地制宜地将园地划分为若干生产小区。山地果园则以自然分布的沟、渠、道路划分，尽量以等高线平行，以便管理和进行水土保持工作。平地以 50～100 亩为一小区，为了便于机械耕作，小区一般以长方形为好。小区的方向最好为南北向，有利于获得较好的光照、提高果品产量和质量。滩地小区的长边应与当地主要风向垂直，以便与防风林配合。

2. 道路规划

果园道路系统的配置，以便于机械化作业，田间活动，提高劳动效率，减轻劳动强度为原则。全园各作业小区，都要用道路连接起来，由主路、支路和田间作业道路组成。道路的宽度以能通过汽车或小型拖拉机为准，主路 5～7 米，支路 4～5 米，作业道路 2～3 米。

3. 排灌系统规划

建园时，必须建立起完整的灌水和排水系统。山坡、丘陵地建园，多利用水库、池塘、水窖、坝来拦截地面径流蓄水灌溉。临河的山地，要设计安排提灌站、引水上山；若距河流较远，则利用地下水为灌溉水源，但水质必须是未受污染的合格水。为合理浇水、节约用水,生产上要大力推广喷灌、滴灌、管灌等水利设施,且省工、省地适应性强,用途广,增产显著。核桃树不耐涝,对低洼易积水的地方,要建立排水系统。

4. 防护林规划

防风林可以降低风速,减少风害,减少土壤蒸发和土壤侵蚀,保持水土、削弱寒流,增加空气温度和湿度等效果。主林带要与有害风向垂直,3～5 行乔木,带距 300～400 米,其余林带与道路结合,在路的一侧栽植 1～2 行乔木。山地的防护林应设在分水岭上。林带的结构,宜用透风林带,乔灌木结合,选用的树种要材质佳、经济价值高、生长旺盛、冠形密集与果树无共同或互相传染的病虫害,林带距核桃有足够的间隔距离,不少于 15 米。

三、果园栽植技术

我国幅员辽阔,气候、地形多种多样,发展核桃极为有利。因地制宜,发展良种,科学栽培,注重效益是我们的基本原则。

1. 选用嫁接壮苗

建立优质高效核桃园选用嫁接壮苗十分重要,忌栽实生苗、假嫁接苗、劣等苗。有了优良品种,但苗木达不到健壮要求,会直接影响到栽植成活率和商品性生产,往往造成前功尽弃的严重后果。因此,为保证核桃商品生产健康发展,必须注重核桃壮苗标准及其保护措施。①苗砧在 20 cm 以下,愈合牢固,嫁接结合处粗度 1 cm 以上,高度不少于 60 cm,有 5 个以上饱满芽。②根系较为完整,主根长度在 30 cm 以上,有 5 条以上侧根,侧根长度在 20 cm 以上。③无检疫病虫和风干、日灼、冻害现象。④随栽植随起苗,起苗前浇透水。最好在无风的阴天起苗,起苗后要遮住苗根,不让风吹日晒。⑤调运、装车前要分级、分品种包装,每 10 株或 20 株一捆,蘸泥浆,用塑料袋套根,并用蓬布封围,保证运输过程无风吹袭、不脱水分、卸车后立即栽植,当日栽不完要假植保护,或放屋内用湿沙埋藏。

2. 品种选配

不同立地类型有最适宜的栽培方式和最优良的栽培品种。我国北方核桃栽培区立地类型大体分为三类:一是平川区,交通、气候、土壤、灌溉条件较好,可建立中等密度园。适宜栽培的品种有:鲁光、丰辉、香玲、中林1号、中林3号、薄丰、薄壳香、扎343等。二是低山丘陵区,各种条件较平川区差,但昼夜温差大,通风和光照条件好,有利提高果实品质。可根据小地形建立集约化栽培园。适宜栽培的品种有:辽宁1号、辽宁3号、辽宁4号、中林5号、西扶1号、陕核1号、陕核2号。三是中山丘陵区,栽培条件最差。一般海拔在1000 m以上,坡度在20°以上,土壤有机质在0.8%以下,无霜期在160 d左右,是栽培核桃最差的区域,在这类地区可选择晚实品种,密度不要过大,宜搞林粮间作。适宜栽培的品种有清香、西洛1号、西洛2号、礼品1号、礼品2号、里香等。

核桃属雌雄同株,但绝大多数雌雄花期自然不一,形成异株授粉,大面积栽培应较多考虑授粉问题。因此,栽培时应着重选用口感好、壳薄、出仁率高、果仁颜色一致,丰产性强的雌先型品种(中核1号、中核2号、中核短枝、中林1号、中林3号、绿波、温185、京861、礼品2号、辽核5号)等。栽培同时选用与雌先型品种花期一致、花期长、花粉多的雄先型品种(扎343、辽核1号、香玲、薄壳香、中林5号)等。保证授粉授精,提高坐果率。主栽品种和授粉品种比例按3:1或5:1隔行配置,便于分品种管理和采收。

3. 栽培密度和方式

核桃树喜光、生长快、成形早,经济寿命长,可以适当的密植。栽植密度应根据立地条件、栽培品种和管理水平而异。栽植密度确定以后,本着经济利用土地,便于耕作的原则来确定,同时要考虑品种的生物学特性。常用的栽植方式有长方形栽植、正方形栽植、三角形栽植、等高栽植、带状栽植、计划密植等方式。一般在土层深厚,肥力较高的条件下,株行距应大些,可采用 5 m×6 m 或 6 m×8 m。山地栽植以梯田面宽度为准,一般的一个台面一行,超过 10 m 的可栽 2 行,株距一般 4~6 m。对于早实核桃,因其结果早,树体较小,可采用 3 m×(4~5) m 株行距。实行果粮间作的核桃园,栽植密度不宜硬性规定,一般的株行距为 5 m×10 m 或 6 m×12 m。

4. 栽植时期和方法

春季、秋季均为栽植核桃的好季节。春栽多在土壤解冻后至萌芽前进行。秋季多在落叶以后至地面上冻以前栽植。高海拔寒冷多风地区习惯于春栽,秋栽苗木易抽条或受冻。冬季温暖不干旱地区秋栽比春栽效果好。伤口伤根可以愈合,翌春发芽早而且生长壮,成活率高。容器核桃苗栽植不受季节限制,一年四季均可栽植。根系带土团的核桃苗利用阴雨天栽植,随挖随栽,成活率也很高,不落叶,没有缓苗期。

核桃栽植前应按规定的株行距挖定植穴或沿定植线开沟,穴的大小、长、宽、深各 1 米,槽沟宽 80 cm,深 1 米。地形复杂的山地建园,最好先撩壕或修梯田,然后栽树。挖穴或开沟时,挖出的表土和底土分别放在两侧。最好是春栽则在秋季挖穴。秋栽树夏挖穴,提前挖可使坑内土壤有较长的风化时间。如果土壤黏重或下层为石砾则应加大定植穴,并采用客土、掺煤碴、增肥或表层土等办法,以改良土壤质地,为根系生长创造良好条件,定植穴挖好后,必须先做好定植穴的回填工作,将表土和有机肥,化肥混合回填。每穴施优质农家肥 30~50 kg,磷肥 1~2 kg,在肥料不足,坑底可放 30 cm 厚的树叶、草蒿或碎秸杆,用人粪尿浇灌效果更好。栽植前苗木要进行修剪根系,并用石硫合剂溶液浸泡蘸根处理。远途调苗,需在清水中浸泡一昼夜后栽植。栽植时要把苗木摆放在定植穴的中央,填土固定,力求横竖成行。苗木栽植深度以该苗原入土深度为宜,过深生长不良,树势衰弱,过浅容易干旱,造成死苗。栽时要使根系舒展,均匀分布,边填土边踩实,并将苗木轻轻摇动上提,避免根系向上翻,与土壤密接,一直将土填平、踩实。在树的周围做树盘,充分灌水,水完全下渗后,再于其上覆盖一层松土,并覆盖一层 1 m 见方的地膜,中间略低,四周用土压紧。可起到保墒、提高地温、防治虫害、抑制杂草,提高成活率的作用,且苗木发芽快、生长旺盛。

第六章 土壤水肥管理技术

一、土壤管理

土壤管理是核桃树栽培管理中的一个重要环节。核桃园土壤因受气候条件、人工、机械和畜力等因素的影响,其物理、化学性状和肥力均会受到破坏,不利于核桃根系的生育。因此,不断改善土壤的物理、化学性状,协调土壤中的空气、养分和水分的良好关系,对于稳定根系生长的环境有积极的作用。

1. 深翻改土

深翻改土是核桃园改良土壤的重要技术措施之一。它适用于平地核桃园或是面积大的梯田地。有利于改善土壤结构、增加透气性、提高保水保肥能力、减少病虫害发生,有利于根系分布向深处发展,扩大树体营养吸收范围。由于采果前后正值根系生长的高峰,因此是深翻的最佳时期,可结合施基肥进行,也可夏季结合压绿肥、秸秆进行,以增加土壤有机质、改良土壤。开沟施入有机肥或秸杆后,先填表土,再填心土,最后灌足水。方法是:每年或隔年沿大量须根分布区的边缘向外扩宽 50 cm 左右。深翻部位,以树冠垂直投影边缘内外,深 60~80 cm,挖成围绕树干的半圆形或圆形的沟,然后将表层土混合基肥和绿肥或秸秆放在沟的底层,而底层土放在上面,最后大水浇灌。深翻时应尽量避免伤及 1 cm 以上的粗根。

2. 中耕松土

中耕松土是核桃园土壤管理经常使用的技术措施。春、夏、秋三季可结合除草进行中耕 3~5 次，深度 6~10 cm 最佳。对于土壤条件较差、管理比较粗放的果园更应该中耕松土，并且深度应为 10~15 cm 为宜。

3. 山地管理

土壤是果树生长发育的基础，但在山地或丘陵、坡地由于有一定的坡度，水土流失比较严重，大雨会冲走土壤中大量的有机质，严重时会使核桃根系外露，营养供给不足，树势不断衰弱，影响产量。因此，采取水土保持措施防止水土流失是山坡地果园管理的有效手段。

(1) 山地核桃园一般采用梯田栽植。梯田管理必须经常整修梯田面，培好田埂，梯田内侧留排水沟。垒石堰是防止梯田埂冲蚀方法之一，也可种植豆类作物、绿肥作物进行水土保持。

(2) 坡地核桃园一般可通过挖撩壕防止水土流失。在地块整齐的缓坡地带，可修成水平梯田，也可挖成等高撩壕，可减少地表径流，蓄水保土，又可增加坡面土地利用。

(3) 在坡度较陡，不适合修筑梯田的山坡上，可按树修成大型鱼鳞坑式的半圆形梯田，防止水土流失。

(4) 在沟边、地埂上、坡顶、路旁等可以防止水土流失或存养水源的地方，栽上树及草类，进行水土保持。

4. 间作套种

不仅幼树核桃园树冠矮小矮小需要间作，间作已成为一种重要的栽培方式。

盛果期核桃园的间作，应考虑用地与养地相结合和树上树下双丰收，还应考虑不影响核桃树的生长发育。

间作可以在行间种植绿肥作物，来抑制草荒、增加土壤有机质，同时也可以增加肥源。绿肥作物主要有三叶草、苜蓿、毛叶苕子等植物。也可以在行间种植低秆作物。如薯类、豆科类作物,禾谷类作物,并且还有果树、果苗等都可以间作。

依据核桃园条件、肥力等因素不同,可以间作不同作物。

(1)在立地条件好、肥力高的地块,可以实行果粮间作。这时,核桃树的栽培株行距比较大,可以间作高秆的玉米、高粱,也可以间作矮秆的小麦、豆类、花生、棉花、薯类、瓜菜等。我国的河南、河北、山西、云南、西藏等地均有此种模式。

(2)对立地条件比较好的老核桃园或密植核桃园,园内树冠接近郁闭的,树冠下面和行间荫蔽少光,不适宜间种作物。但可以培养食用菌来增加收入。

(3)利用荒山、滩地营建起来的核桃园,大多立地条件差、肥力较低,核桃树生长势不旺。这一类地块应该间作绿肥或豆类作物,以增加土壤有机质,改善土壤结构,提高肥力。

二、核桃无公害生产的施肥技术

我国果树在上山下滩的原则指导下,大多数核桃园建立在山地、丘陵等土壤贫瘠、肥力低下、土壤结构质地不良的地方,不利于核桃树体的生长发育。这样,核桃园施肥必须增施有机质肥,逐渐实现平衡施肥、复合施肥、配方施肥、按需施肥。

1. 核桃需肥特性

核桃喜肥。据有关资料,每收获 453.6 kg 核桃要从土壤中夺走纯氮 12.25 kg。丰产园每年每 100 m^2 要从土壤中夺走氮 90.7 kg。适当多施氮肥可以增加核桃出仁率。氮、钾肥还可以改善核仁品质。

根据核桃不同时期的个体发育规律,一般地将其分为幼龄期、结果初期、盛果期和衰老期 4 个时期。

(1)幼龄期 从长出幼苗开始到开花结果前,嫁接苗从嫁接开始到开花结果前均是核桃树的幼龄期。此期根据苗木情况不同,持续的时间也不同,早实核桃品种一般2~3年,如:鲁光、丰辉、香玲、辽宁1、3、4号、中林1号、中林5号、西扶1号等;晚实核桃品种一般3~5年,如晋龙1号、晋龙2号、西洛2号等;实生种植苗此期可在2~10年不等。在此期,营养生长占据主导地位,树冠和根系快速地加长、加粗生长,为迅速转入开花结果积蓄营养。栽培管理和施肥的主要任务是促进树体扩根、扩冠,加大枝叶量。此期应大量满足树体对氮肥的需求,同时注意磷钾肥的施用。

(2)结果初期　此期是指开始结果至大量结果且产量相对稳定的一段时期。营养生长相对于生殖生长逐渐缓慢,树体继续扩根、扩冠,主根上侧根、细根和毛根大量增生,分枝量、叶量增加,结果枝大量形成,角度逐渐开张,产量逐年增长。栽培管理和施肥的主要任务是,保证植株良好生长,增大枝叶量,形成大量的结果枝组,树体逐渐成形。此期可适当增加磷钾肥的施用量。

(3)盛果期　此期核桃树处于大量结果时期。营养生长和生殖生长处于相对平衡的状态,树冠和根系已经扩大到最大限度,枝条、根系均开始更新,产量、效益均处于高峰阶段。此期,应加强施肥、灌水、植保和修剪等综合管理措施,调节树体营养平衡,防止出现大小年结果现象,并延长结果盛期时间。因此,树体需要大量营养,除氮磷钾外,增施有机肥是保证高产稳产的措施之一。

(4)衰老期　此期,产量开始下降,新梢生长量极小,骨干枝开始枯竭衰老,内部结果枝组大量衰弱直至死亡。此期的管理任务是通过修剪对树体进行更新复壮,同时加大氮肥的供应量,促进营养生长,恢复树势。

2. 核桃施肥技术

核桃因树龄、树势、品种和土壤状况不同,其需肥种类也不同。因此,施肥应根据立地条件和树体生长状况合理施肥。

无公害优质核桃的施肥应以有机肥料,如腐熟的厩肥、堆肥和饼肥、绿肥等为主,配合施用适量化肥;以土壤施肥为主,配合根外施肥(叶面喷肥)的原则,选用符合生产无公害果品要求的肥料,进行科学施肥。

核桃树在一年的生长过程中,可分为两个阶段:生长期和休眠期。生长期从春季芽萌动开始,经过展叶、开花、坐果、枝条生长、花芽分化及形成、果实发育、成熟、采收,直至落叶结束;休眠期从落叶后开始到第二年春季芽萌动前为止。在一年的生长发育中,开花、坐果、果实发育、花芽分化和形成期均是核桃树需要营养的关键时期,应根据核桃的不同物候期进行合理施肥。

(1)基肥 多以迟效性有机肥为主。其能够在比较长的时间内,为树木生长发育提供含有多种营养元素的养分,且能很好地改良土壤理化性状。基肥可以秋施也可以春施,但一般以秋施为好。秋季核桃果实采收前后,树体内的养分被大量消耗,并且根系处于生长高峰,花芽分化也处于高峰时期,急需补充大量的养分。同时,此时根系旺盛的生长需要吸收大量的养分,光合作用旺盛,树体贮存营养水平提高,有利于枝芽充实健壮,增加抗寒力。

秋施基肥应注意。施肥越早越好,过晚不能及时补充树体所需养分,影响花芽分化质量。一般核桃基肥在采收前后(9月份)施入为最佳时间。施肥以有机肥为主,加入部分为速效性氮肥或磷肥为好。施基肥可以环状施肥、放射状施肥或条状沟施肥等方法。但以开沟 50 cm 左右深施,结合秋季深翻改土施入最好。施肥时一定要注意全园普施、深施。然后灌足水分。

核桃园施肥标准应根据具体的土壤状况和树的生物学特点来定。由于核桃产区各地土壤类型繁杂,栽培品种不同需肥特性不尽相同,各地肥水管理水平差异较大,因此,施肥时可根据具体条件,参照表 6-1 执行。

表 6-1 核桃树施肥量标准

时期	树龄(年)	每株树平均施肥量(有效成分)(g)			有机肥(kg)
		氮	磷	钾	
幼树期	1~3	50	20	20	5
	4~6	100	40	50	5
结果初期	7~10	200	100	100	10
	11~15	400	200	200	20
盛果期	16~20	600	400	400	30
	21~30	800	600	600	40
	>30	1200	1000	1000	>50

(2)追肥 追肥是为了满足树体在生长期急需的养分,特别是生长期中的几个关键需肥时期,而施入以速效性肥料为主的肥料。它是基肥的必要性补充。

追肥的次数和时间与气候、土壤、树龄、树势诸多因素均有关系。高温多雨地区、砂质壤土、肥料容易流失,追肥宜少量多次;树龄幼小、树势较弱的树,也宜少量多次性追肥。追肥应满足树体的养分需要。因此,与树体的物候期也紧密相关。萌芽期新梢生长点较多,花器官中次之;开花期,树体养分先满足花器官需要;坐果期,先满足果实养分需要,新梢生长点次之。全年中,开花坐果时期是需肥的关键时间,幼龄核桃树每年追肥2~3次,成年核桃树追肥3~4次为宜。

1)第一次追肥。根据核桃品种及土壤状况不同进行追肥,早实核桃一般在雌花开放以前,晚实核桃在展叶初期(4月上中旬)施入。此期,是决定核桃开花坐果、新梢生长量的关键时期。及时追肥促进开花坐果,增大枝叶生长量。肥料以速效性氮肥为主,如硝酸铵、磷酸氢铵、尿素,或者是果树专用的复合肥料。施肥方法以放射状施肥、环状施肥、穴状施肥均可,施肥深度应比施基肥浅,以20 cm左右为佳。

2)第二次追肥。早实核桃开花后,晚实核桃展叶末期(5月中下旬)施入。此期,新梢的旺盛生长和大量的坐果需消耗大量养分,及时追施氮肥可以减少落果,促进果实的发育和膨大,同时促进新梢生长和木质化形成。另外,核桃树在硬核期的前1~2周内,也正是形成雌花芽分化的基础阶段,适时适量增施速效性肥料。能够提高氮素的营养水平,增加树体碳水化合物的积累,有利于花芽的分化。肥料以速效性氮肥为主,增施适量的磷肥(过磷酸钙、磷矿粉等)、钾肥(硫酸钾、氯化钾、草木灰等)。施肥方法与第一次追肥方法相同。

3)第三次追肥。结果期核桃6月下旬硬桃后施入。此期,核桃树体主要进入生殖生长旺盛期,核仁开始发育,同时花芽进入迅速分化期,需要大量的氮磷钾肥。肥料施入以磷肥和钾肥为主,适量施氮肥。如果以有机肥进行追肥,要比速效性肥料提前20~30天施入,以鸡粪、猪粪、牛粪等为主,施用后的效果会更好。肥料追施方法同第一次追肥。

4)第四次追肥。果实采收以后施入。采果后,由于果实的发育消耗了树体内大量的养分,花芽继续分化也需要大量的养分。应及时补充土壤养分,以供调节树势。增进花芽分化质量,增加树体养分积累,提高树木抵抗不良环境的能力,增加抗寒能力,顺利过冬。

(3)根外追肥 又称叶面喷肥。是土壤施肥的一种辅助性措施。是将一定浓度的肥料溶液用喷雾工具直接喷洒到果树地茎、叶上,从而提高果实质量和数量的施肥方法。

根外追肥利用了果树了上部,包括茎、叶、果皮等器官能直接吸收养分的特性,具有直接性和速效性等优点。一般根外施肥15分钟到2小时左右便可以吸收。特别是在遇到自然灾害或突发性缺素症时,或者为了补充极易被土壤固定的元素,通过根外施肥可以及时挽回损失。因此,根外追肥成本低,操作简单,肥料利用率高,效果好,是一种经济有效的施肥方式。

根外追肥的肥料种类、浓度、喷肥时间主要依土壤状况、树体营养水平具体而定。常用的原则是:生长期前期可适当浓度低些,后期浓度可高些。在缺水少肥地区次数更可多些。一般根外施肥宜在上午8~10点或下午4点以后进行,阴雨或大风天气不宜进行,如遇喷肥15分钟之后下雨,可在天气变晴以后补施一遍最好。

喷肥一般可喷尿素、过磷酸钙、磷酸钾、硫酸铜、硫酸亚铁、硼砂等肥料,以补充氮、磷、钾等大量元素和其他微量元素。花期喷硼可以提高坐果率。5~6月份喷硫酸亚铁可以使树体叶片肥厚增加光合作用,7~8月喷硫酸钾可以有效地提高核仁品质,对增产获益取得良好效果。

三、灌水与排水

核桃对空气的干燥度不敏感,但却对土壤的水分状况比较敏感,长期晴朗却干燥的气候,充足的日照和较大的昼夜温差,只要有良好的灌溉条件,能促进核桃大量开花结实,并提高果仁品质和产量。核桃幼龄期树生长季节前期干旱,后期多雨,枝条易徒长,造成越冬抽条;土壤水分过多,通气不良,根系的呼吸作用受阻遏,严重时使根系窒息,影响树体生长发育。因此,土壤过旱或过湿均对核桃的生长和结实状况产生不良的影响。我们必需根据核桃树的养分吸收、制造和运输等代谢活动正常进行所需要的水分多少的规律进行科学灌水和排水,才能保证树体的根、枝、叶、花、果的正常分化和生长,达到核桃的优质高效生产。

1. 灌水

核桃属于生长期需较多水分的树种。水分的供给,通过根系从土壤中吸收,然后被运送到树体的地上部的各器官的细胞中,由于细胞膨压的存在才使各器官保持其各自的形态。

叶进行光合作用,必须有水的参加才能持续进行,叶制造的有机养分,都要通过溶液形态才能运送到树体的各个部位。根系吸收的养分,只有通过水的作用,才能被根系吸收或转运到地上部各器官。

总的来说,核桃树的一切生理活动,如光合作用,蒸腾作用,养分的吸收和运转都离不开水。没有水,就没有树体的生命活动。

一般情况下,年降水量在 600~800 mm,且降水量分布均匀的地区,可以满足核桃生长发育的需要,不需要灌水。但在降水量不足或者年分布不均的地区,就要通过灌水措施补充水分。我国南方核桃产区,年降水量在 800~1 000 mm,不需要灌水,但北方的年降水量却在 500 mm 左右,并且经常出现春季,夏季缺水的干旱不均现象,应该通过灌水补充水分。

一年当中,树体的需水规律与器官的生长发育状况是密切相关的。关键时期缺水,就会产生各种生理障害,影响核桃树体正常生长发育和结实。因此,要通过灌水来保证核桃生长发育的需要。但灌水的时间与次数,应根据当地的立地条件、气候变化、土壤水分和树体的物候期具体确定。以下是核桃生长发育过程中几个需水关键时期,如果缺水,需要通过灌溉及时补充水分。

(1)春季萌芽开花期　此期(3~4 月),树体需水较多,经过冬季的干旱和蓄势,核桃又进入芽萌动阶段且开始抽枝、展叶,此时的树体生理活动变化急剧而且迅速,一个月时间要完成萌芽、抽枝、展叶和开花等过程,需要大量的水分,才能满足树体的生长发育的需要。此期如果缺水,就会严重影响新根生长、萌芽的质量、抽枝快慢和开花的整齐度。因此,每年要灌透萌芽水。

(2)开花后　此期(5~6 月),雌花受精后,果实进入迅速生长期,占全年生长期的 80% 以上。同时,雌花芽的分化已经开始。均需要大量的水分和养分,是全年需水的关键时期。干旱时,要灌透花后水。

(3)花芽分化期　此期(7~8月),核桃树体的生长发育比较缓慢,但是核仁的发育刚刚开始,并且急剧而迅速,同时花芽的分化也正处于高峰时期,均要求有足够的养分、水分供给树体。通常核桃正值北方的雨季,不需要进行灌水,如遇长期高温干旱的年份,需要灌足水分,以免此期缺水,给生产造成不必要的损失。

(4)封冻水　10月末至11月落叶前,树体需要进行调整,应结合秋施基肥灌足封冻水。一方面可以使土壤保持良好的墒情,另方面,此期灌水能加速秋施基肥快速分解,有利于树体吸收更多的养分并进行贮藏和积累,提高树体新枝的抗寒性,也为越冬后树体的生长发育贮备营养。

核桃园一般建在山地或丘陵地带,在北方干旱少雨地带,如新疆核桃产区每年需灌水次数较多,灌水的方法也有多种。应本着高效、实用、省水、便于管理和机械化作业方便的原则,根据地形、地势、财力条件选择不同的方式。一般核桃园采用地面大水灌溉法,水源不足或山坡地可以采用树盘下穴中放入刺有小孔的塑料袋,灌足水后封好袋口,慢慢滴渗,可以不断补充袋内的水。在条件比较好、财力较充足时,可以采用滴灌、喷灌等微喷设施供应核桃园水分。

2. 排水

栽植在平原地带、低洼地区和河流下游地区的核桃树,地表往往会有积水或者地下水位太高,将严重影响核桃树的正常生长发育,应及时给予排水解决,以免对树体造成不利的影响或降低产量。

我国排水和降低地下水位的方法主要有:

(1)修筑台田　核桃园建在低洼易积水的地段,应在建园前修筑台田。台田的标准是:台面宽8~10 m,要比地面高1~1.5 m。中间留宽1.5~2.0 m,深1.2~1.5 m的排水沟。

(2)排除地表积水　在低洼且易积水的核桃园中挖若干条排水沟，并在核桃园周围挖排水沟，不但有利于园内积水外排，也防止园外水流入园内。

(3)降低水位　在地下水位比较高的核桃园内，挖掘排水沟降低水位。沟的标准可根据核桃树的根系生长情况，挖深 2 m 左右的排水沟，可使地下水位有效地降低。

(4)机械排水　对于积水量不多、面积不大的核桃园，可以用排水机泵进行排水。

四、施肥标准及禁用肥料

若是无公害生产的核桃园，在尚未建立计算机模拟施肥法以前，第一要根据树体大小、植株长势和土壤肥沃程度，适当地调节施肥量，以培养中庸树势为目标，合理搭配各种肥料元素。第二，要尽量多施有机肥，如动植物的残体、人畜禽的粪尿、绿肥、饼肥等。有机肥要经过50℃以上高温充分发酵，以去除有害的有机酸和有害气体，杀灭病菌、虫卵、杂草种子，使之达到无害化标准。第三，有机复合肥、多元复合肥、微生物肥料，如根瘤菌、固氮菌、磷细菌、硝酸盐细菌、复合菌等，应提倡使用。微生物肥料中有效活菌的数量，要符合国家农业部发布的微生物肥料质量标准。不得含有任何有害杂菌。第四，无机化肥应尽量少施。最好是以有机肥与无机肥搭配施用。要严格控制氮肥（尤其是硝态氮肥）的施用量，以防对果品的污染。磷肥要忌用劣质磷肥，避免其中的有害金属和三氯乙醛，对土壤的污染。第五，要限制使用城市垃圾：一因城市垃圾有金属、砖瓦、石块、瓷片、塑料、橡胶等杂物，不能任意使用；二因垃圾中有重金属和有毒物质，须经无害化处理后，质量已达国家标准，才能使用；三是使用量应有限制，即要求砂质土每公顷在 30 吨以下，黏质土在 45 吨以下。

若是日后实施计算机模拟施肥法,就要根据树体营养、土壤养分和植株的营养吸收量、吸收速率来指导施肥。这样,使投入的物质与树体的营养所需,恰到适宜。

(一)无公害核桃基地施用的肥料应具备的条件

无公害核桃基地所需肥料应符合以下条件:能有效促进核桃的生长发育和果品品质的提高;肥料本身或其分解物不会在果实中产生有害物质积累;肥料或其分解物不会对环境造成污染。根据中国绿色食品发展中心规定,AA 级绿色食品在生产中只能使用农家肥和非化学合成的商品肥料。矿质肥料只允许使用铜、铁、锰、锌、硼、钼等微量元素以及硫酸钾、煅烧磷酸盐。

农家肥主要是:厩肥、沤肥、作物秸秆、饼肥等。大部分农家肥在使用前必须经过高温堆肥。高温堆肥不仅可以使肥料充分腐熟,而且可有效地杀灭大肠杆菌,并能部分分解六六六、DDT 等残留物。

商品性非化学合成肥料主要指商品有机肥,如腐殖酸肥、微生物肥以及经过加工的农家肥等。这类肥料的原材料绝大部分是天然有机材料,经过加工可作为商品出售。

在绿色果品生产中应坚持以有机肥为主,以化肥为辅的原则。我国果树生产中的一个重要问题是土壤有机质含量过低,从而严重影响了果实的品质。日本的富士苹果、美国的元帅系苹果着色良好,除与气候条件有很大的关系外,其土壤有机质含量高也是很重要的原因。化肥应以复合肥为主,如氨基酸类和腐殖酸类复合肥。使用复合肥可保持肥料供应的均衡,防止环境的恶化。

A 级绿色食品在生产中允许限量使用部分化学合成肥料。常用的化肥有尿素、硫酸钾、磷酸二铵等,但是用化肥时必须与有机肥配合施用。有机氮与无机氮之比为 1:1,即大约 100 kg 厩肥加尿素 20 kg。化肥也可与有机肥、微生物肥配合使用。尿素既可作基肥也可作追肥,但在作追肥使用时,最后一次试用必须距采收期30天以上。此外,绿色食品生产中还禁止使用硝态氮肥。

绿肥是绿色食品生产中的适宜肥料,因此可在果园中种植苜蓿、草木犀、三叶草等绿肥作物。此外,采用果园行间生草的土壤管理方法,对提高果园肥力,改善果园的生态系统是十分有利的。

肥料使用的详细规则,可查阅中国绿色食品发展中心编制的《绿色食品标准》中的"生产绿色食品的肥料使用准则"。

(二)无公害核桃生产施肥标准及禁用限用肥料

无公害核桃生产肥料使用标准是要避免有害物质进入土壤,控制污染,保护环境。既要依无公害核桃生产的施肥标准;又要参考中国绿色食品发展中心制定的《生产绿色食品的肥料使用准则》,因地制宜操作。具体要求如下:①允许使用的肥料如有机肥料(厩肥、堆肥、饼肥、绿肥、沼气肥、作物茎秆的沤肥等);有机复合肥;微生物肥料(如根瘤菌、固氮肥、磷细菌、复合菌、硅酸盐细菌等);腐殖酸类肥料(泥炭、风化煤等);无机(矿质)肥料(硫酸钾、矿物钾肥、钙镁磷肥、磷矿粉、酸性土使用的石灰石、碱性土使用的粉状磷肥等);叶面肥料(微量元素肥、植物生长辅助物质等);其他有机肥料等。如是堆肥,需经充分发酵(50℃以上,7天左右),杀灭病菌、虫卵和杂草种子,去除有害气体和有机酸,方可施用。②限制使用的化学肥料。生产无公害核桃不是不用化学肥料,而是要科学地使用,限量地使用。如氮肥,要禁用硝态氮肥。并且氮肥施用过多,会使果实中的亚硝酸盐积累并转化为强致癌物质亚硝酸铵。氮肥过多时,果实容易腐烂。采果前一个月,要停止氮肥的土施(包括根外施肥)。在施积肥时,可以有机氮肥、无机氮肥和微生物肥料等配合使用。③城市垃圾不可以任意作肥料。城市的垃圾很多,不能随意地作为果园肥料施用。用前要经无害化处理后,方可使用。并要求黏土地每年用量不得超过45吨,砂土地不得超过

30吨。④商品肥料和新型肥料需经国家有关部门批准登记和生产的合格肥料,才可使用。

(三)无公害核桃生产的肥源

1. 有机肥

(1)有机肥料是生产无公害核桃的主要肥源,绿色食品是无污染的安全、优质营养类食品 要达到这一目标,在绿色食品的生产、加工和销售过程中必须遵循各种有关规定。在"有机农业和食品加工基本标准"(IFOAM)中,就有关于肥料使用方面的规定。其要点是"增进自然体系和生物循环利用,使足够数量的有机物返回土壤中,用于保持和增加土壤有机质,土壤肥力和土壤生物活性","无机肥料只被看作营养物质循环的补充物而不是替代物","化学合成的肥料和化学合成的生长调节剂的使用,必须限制在不对环境和作物质量产生不良后果,不使作物产品有毒物质残留积累到影响人体健康的限度内"。这些规定表明,在绿色食品生产中必须十分注意保护良好的生态环境,必须限制无机肥料的过量使用,有机肥料(包括绿肥和微生物肥料)才是生产绿色果品的主要肥源。

(2)有机肥料的优越性 有机肥料所以被规定为生产绿色食品的主要肥源,是因为有机肥具有许多优越性。施用有机肥料最重要的一点就是增加了土壤的有机物质。有机质的含量虽然只占土壤总量的百分之零点几至百分之几,但它是土壤的核心部分,是土壤肥力的主要物质基础。有机肥料对土壤的结构、土壤中的养分、能量、酶、水分、通气和微生物活性等有十分重要的影响。

有机肥料含有植物需要的大量营养成分,对植物的养分供给比较平缓持久,有很长的后效。有机质的阳离子代换量大,养分齐全。

(3)发展生态农业,创造良好的生态环境 遵循生态规律,创造良好的生态环境是生产绿色食品必不可少的条件。生态农业具有综合经营和农业资源多重利用的特点,能够避免以至消除恶性循环,消除污染,促进良性循环,获得良好的经济、环境和社会效益。有机物质循环贯穿整个生态农业。绿肥、饲草、饼粕可以先用作牲畜饲料,既发展畜牧业,得到肉、奶、毛皮,有得到大量优质粪肥。秸杆、人畜禽粪便进行沼气发酵,既可获得能源,杀灭病菌虫卵,消除污染,又得到优质的沼气肥用于农业生产。我国农民在生态农业的发展过程中,积累了丰富的经验。例如,南方的桑基鱼塘,北方的种+养结合,以农为主,农林牧副渔五业发展。这些创建生态农业的经验都是值得推广的。

2. 绿肥

(1)绿肥有改土培肥增产的显著效果,是生产绿色食品的一项重要肥源 可根据各地的气候、土壤、种植制度、选用适宜的绿肥品种,大力发展绿肥。①复种指数高的集约农区,采取豌豆、蚕豆或紫云英与黑草麦混播,实行粮肥、粮菜、粮饲兼用,发展经济绿肥。②小麦玉米二熟制地区,行间套种绿肥或豆类,充分利用土地空间生产一季饲草或豆类。③西南冬闲旱地,可实行玉米套种苕子或山蔾豆、箭舌豌豆,改一熟制为玉米绿肥饲草而熟制。④北方一熟制玉米间套种草木犀,促进粮草双高产和畜牧业发展。⑤一熟制麦田复种绿肥饲草作物,解决饲草不足的矛盾。⑥半干旱瘠薄地,实行粮肥(草)短期轮作。⑦南方稻田和有水面的地区可以种植红萍、细绿萍等水生绿肥。⑧利用果园、桑园、荒山荒坡、"五边地",种植绿肥,饲草,改善生态环境。

(2)要合理科学地利用绿肥 栽培绿肥最好在盛花期翻压,此时产量高,养分含量也高,组织尚幼嫩,容易分解。翻埋绿肥深度为6~10 cm,但盖土要严,翻后耙地整压。绿肥在土壤中腐烂需要15~20天,分解过程中容易产生一些植物毒素,所以在压青后15~20天才能进行播种或移苗。翻压绿肥通常每公顷22~38

吨，适当配合使用磷肥。绿肥还可用作覆盖材料和牲畜的饲料。

3. 要合理施用化肥

施用化肥能有效地增加作物产量。但使用不当，则容易污染环境。我国目前生产的氮磷钾化肥比例严重失调。化学氮肥的利用率只有约30%，大约70%的氮素随地表径流等途径损失了。化学磷钾肥的利用也只有大约35%。因此化肥对环境的污染是相当严重的。反映在地表水的氮磷养分富集，地下水及食品中的硝酸盐超标等。要防止化肥的污染，又要保证作物高产，关键在于大量增加有机肥用量，合理控制化肥施用量，调节氮磷钾化肥比例，实行化肥深施等措施。在绿色食品生产中，"无机肥料被看作是营养物质循环的补充物而不是替代物"。因此如何做到合理补充化肥，包括在不同地区，不同土壤，不同作物上补充适宜的化肥品种，化肥数量，施用方法，以及有机肥与化肥的适宜比例等，都还需要进行许许多多的研究。

第七章 整形修剪技术

整形修剪是核桃栽培管理中一项十分重要的技术措施。整形是根据核桃树的生物学特性,结合一定的条件、栽培制度和管理技术,造成在一定空间范围内,有较大的有效光合面积,能担负较高产量,便于管理的合理树体结构。修剪是根据生长、结果的需要,用以改善光照条件、调节营养分配、转化枝类组成、促进或控制生长、发育的手段。通过修剪才能达到整形的目的。而修剪又是在确定树形的基础上进行的。所以,整形和修剪又有密有可分的关系。概括地讲,整形修剪就是依据核桃生长结果的特性,使其形成丰产的树体结构,维持树体良好的从属关系,协调树体各器官之间的平衡,调节营养生长和生殖生长的关系,改善光能利用条件,增加结果部位,从而建立合理的丰产群体。

一、整形修剪的作用与原则

(一)整形修剪的作用

在核桃生长的不同阶段,整形修剪所要解决的问题和采取的方法有所不同。幼龄期和结果初期,核桃整形修剪的目的是为了培养牢固的树冠骨架和丰产树形,有效地控制主枝和侧枝在空间的合理配置,调节生长和结果的关系,为促进幼树早结果早丰产奠定基础。在盛果期则是要通过适当的修剪,维持树势健壮生长与结果的相对平衡,在保证稳产高产的基础上,最大限度地延长结果年限。

(二)整形修剪的原则

核桃树整形修剪要根据树体特点和规律以及栽培管理的具体情况,通过修剪的方法,培养和调整骨干枝,以便形成良好的树体结构,担负较高的产量,树冠内各类枝条都有充分生长的空间。合理地解决株间和树内光照,创造早果、高产、稳产、优质的地上部条件。

(三)整形修剪的依据

1. 品种(类型)的生长结果习性

整形修剪只有与品种(类型)的生长结果习性相适应,才能达到立体结果,高产优质的目的。其中品种的萌芽力和成枝力情况是修剪的重要依据之一。早实核桃成枝力较强,容易造成枝叶过密,修剪时注意多疏少截,减少枝量;晚实核桃的成枝力较弱,需促进抽枝,增加枝量,以提高产量。

2. 自然条件和栽培管理水平

同一品种在不同的自然条件下,生长结果及生理活动均有所不同。在土层较薄,肥力较低的地方,树体较矮小,生长量也较小,稍重的修剪不致引起树势过旺。

栽植密度和方式不同对整形修剪的要求也不同。在密植的情况下,宜采用小冠矮树形的修剪方法,减少分枝级次,少留骨干枝,以利早果和丰产。

3. 树体判断

果树由于本身和环境条件的共同作用,单株之间在生长和结果方面存在差异,这种差异也是整形修剪的依据之一。修剪时应从树势的强弱,树体结构和骨干枝的配置,结果枝组的培养利用和分布,花芽的多少与质量,结果枝和营养枝的比例等方面进行观察和分析,以制定合理的修剪方案和正确地进行修剪。

二、整形修剪的时期、方法和技术

(一)整形修剪的时期

核桃在休眠期修剪有伤流,这有别于其他果树,为了避免伤流损失树体营养,长期以来,核桃树的修剪多在春季萌芽后(春剪)和采收后至落叶前(秋剪)进行。近年来,辽宁省经济林研究所、河北省涉县、陕西省果树科学研究所等进行了多年的冬剪试验,结果表明,核桃冬剪不仅对生长和结果没有不良影响,而且在新梢生长量、坐果率、树体主要营养水平等方面都优于春、秋修剪。试验认为,休眠期修剪主要是水分和少量矿质营养的损失,而秋剪有光合作用和叶片营养尚未回流的损失,春剪有呼吸消耗和新器官形成的损失,相比之下,春剪营养损失最甚,秋剪次之,休眠期修剪损失最少。目前,在秦岭以南地区及河北省涉县等地已基本普及休眠期修剪,均未发现有不良影响,其他各地也可大胆采用。从方便操作和不伤害间种作物等方面考虑,也以休眠期修剪为好。但从伤流发生的情况看,只要在休眠期造成伤口,就一直有伤流,直至萌芽展叶。因此,在提倡核桃休眠期修剪的同时,应尽可能延期进行,根据实际工作量,以萌芽前结束修剪工作为宜。

(二)整形修剪的方法

1. 短截

短截是指剪去一年生枝条的一部分。生长季节将新梢顶端幼嫩部分摘除,称为摘心,也称之为生长季短截。在核桃幼树(尤其是晚实核桃)上,常用短截发育枝的方法增加枝量。短截的对象是从一级和二级侧枝上抽生的生长旺盛的发育枝,剪截的对象是从一级和二级侧枝上抽生的生长旺盛的发育枝,剪截长度为1/4～1/2,短截后一般可萌发3个左右较长的枝条。在一二年生枝交界轮痕上留5～10 cm剪截,类似苹果树修剪的"戴高帽",可促使枝条基部潜伏芽萌发,一般在轮痕以上萌发3～5个新梢,轮痕以下可萌发1～2个新梢(图7-1)。对核桃树上中等长枝或弱枝不宜短截,否则刺激下部发出细弱短枝,髓心较大,组织不充实,冬季易发生日烧而干枯,影响树势。

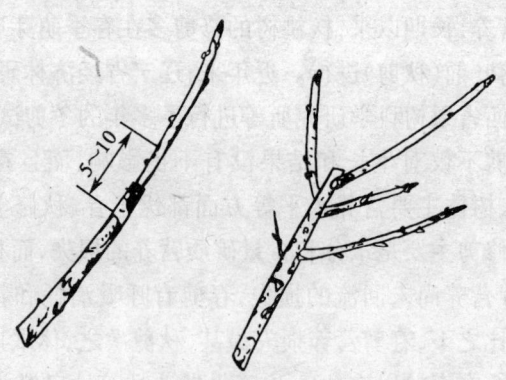

图7-1 年界轮痕以上短截的反应(单位:cm)

2. 疏枝

将枝条从基部疏除叫疏枝。疏除对象一般为雄花枝、病虫枝、干枯枝、无用的徒长枝、过密的交叉枝和重叠枝等。雄花枝过多,开花时要消耗大量营养,从而导致树体衰弱,修剪时应适当疏除,以节省营养,增强树势。核桃枝条髓心较大,组织疏松,容易枯枝焦梢。枯死枝除本身生产价值外,还可成为病虫滋生的场所,应及时剪除。当树冠内部枝条密度过大时,要本着去弱留强的原则,随时疏除过密的枝条,以利通风透光。疏枝时,应紧贴枝条基部剪除,切不可留桩,以利剪口愈合。

3. 缓放

即不剪,又叫长放。其作用是缓和枝条生长势,增加中短枝数量,有利于营养物质的积累,促进幼旺树结果。除背上直立旺枝不宜缓放外(可拉平后缓放),其余枝条缓放效果均较好。较粗壮且水平伸展的枝条长放,前后均易萌发长势近似的小枝(图7-2)。弱枝不短截,下一年生长一段,很易形成花芽。

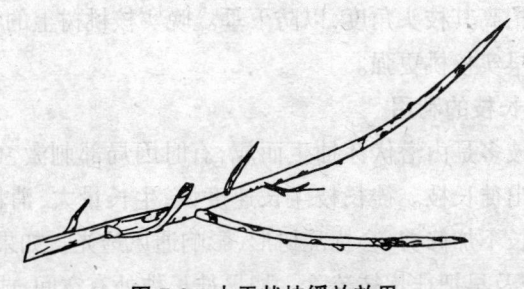

图7-2 水平状枝缓放效果

4. 回缩

对多年生枝剪截叫回缩或缩剪,这是核桃修剪中最常用的一种方法。回缩的作用因回缩的部位不同而异。一是复壮作用,二是抑制作用。生产中复壮作用的运用有两个方面,一是局部复壮,例如回缩更新结果枝组,多年生冗长下垂的缓放枝等。二是全树复壮,主要是衰老树回缩更新。生产中运用抑制作用主要控制旺壮辅养枝、抑制树势不平衡中的强壮骨干枝等。

回缩时要在剪锯口下留一"辫子枝"。回缩的反应因剪锯口枝势、剪锯口大小等不同而异。对于细长下垂枝回缩至背上枝处可复壮该枝;对于大枝回缩,若剪锯口距枝条太近,对剪口下第一枝起削弱作用,而加强以下枝的长势。核桃树的愈合能力很强,即便是多年生直径达30 cm的大枝,剪后仍可愈合良好。

(三)整形修剪技术

1. 背后枝的处理

按乔化树顶端优势的原理,同一母枝上顶部枝的生长量较大。

而核桃树倾斜着生的骨干枝背后的枝,其生长势多强于原骨干枝头,产生背后枝比母枝既粗又长的"倒拉"现象,甚至造成原枝头枯死。对于这类枝,一般是在抽生的初期剪除。如果原母枝已经变弱,则可用背后枝代替原头,将原枝头剪除或培养成结果枝组,但必须注意抬高其枝头角度,以防下垂。晚实核桃树上的背后枝,其生长势比早实核桃更强。

2. 徒长枝的利用

徒长枝多是由潜伏芽抽生而成,有时因局部刺激,也能使中、长枝抽生出徒长枝。徒长枝生长速度快,生长量大,消耗营养多,如放任生长不加修剪,会扰乱树形,影响通风透光。如果树冠内枝量足够,应及早把徒长枝疏除。如果徒长枝处有空间,或其附近结果枝组已衰弱,则可利用徒长枝培养成结果枝组,以填补空间或更替衰弱的结果枝组。培养的方法,可于夏季徒长枝长到 0.5~0.7 m时摘心,促发二次枝,形成结果枝组;也可等到冬季修剪时,把单条徒长枝留 60 cm 左右短截,使下年分枝形成结果枝组(图)。

衰老树枝干枯顶焦梢,或因机械伤害等使骨干枝折断,可利用徒长枝培养骨干枝新的延长枝,以保持树冠圆满。

3. 二次枝的控制

二次枝多发生在早实核桃上,且以幼龄树抽生较多。由于抽枝晚、生长旺、组织不充实,在北方冬季易发生抽条。如果任其生长,虽能增加分枝,提高产量,但却容易造成结果部位外移,使结果母枝后部光秃,干扰良好的冠形(图7-3)。其控制方法主要有:

(1)疏除

为了避免由于二次枝的旺盛生长而过早郁闭,可根据空间的利用程度进行疏除。剪队对象主要是生长过旺造成树冠出"辫子"的二次枝。一般只要在二次枝未木质化之前疏除两次,就基本可以控制。

(2)去弱留强

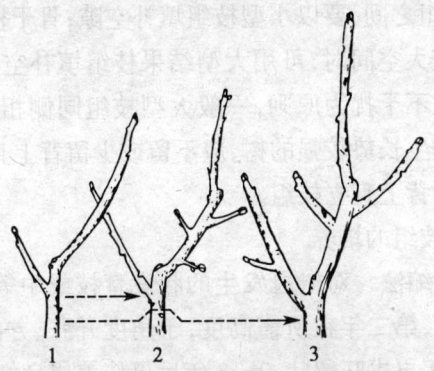

1. 二次枝　2. 夏季摘心后冬季形态
3. 冬季修剪后分枝

图7-3　二次枝修剪

在一个结果枝上抽生3个以上的二次枝,可在早期选留1~2个健壮的,其余全部疏除。

(3)摘心

对选留的二次枝,如果生长过旺,为了促进其木质化,控制其向外延伸,可于夏季进行摘心。

(4)短截

如果一个结果枝只抽生一个二次枝,且长势较强,可于春夏季对其进行短截,以控制旺长,促发分枝,并培养成结果枝组。夏季短截分枝效果较好,但春季短截发枝粗壮。其短截程度以中、轻度为宜。

4. 结果枝组的培养与修剪

(1)结果枝组的配置

枝组的配置多依骨干枝的不同位置和树冠内空间的大小来决定。一般情况下,主侧枝的先端即树冠外围,以配置小型结果枝组为主;树冠中部以配置中型结果枝组为主,并根据空间大小配置少量大型结果枝组;骨干枝的后部,即内膛应以中、大型枝组为主。

在大、中型枝组之间,要以小型枝组填补空隙;骨干枝距离远,即在树冠内出现较大空间时,可用大型结果枝组填补空间。枝组间距以三级分枝互不干扰为原则,一般大型枝组同侧相距 60~100cm 为宜。幼树和生长势较强的树,应不留或少留背上直立枝组,衰老树可适当多留背上直立枝组。

(2)结果枝组的培养

①先放后缩法　对树冠发生的壮发育枝或中等徒长枝,可先缓放促发分枝,第二年在所需高度,于角度开张、方向适宜的分枝处回缩,下一年再去旺留壮,2~3年后可培养成良好的结果枝组。

早实核桃的连续结果能力很强,中、短果枝连续结果后形成的果枝群,可通过缩剪改造成小型结果枝组。

②先缩后截法　对生长密集、空间有限的辅养枝,可先缩回来,后部枝适当短截,构成紧凑枝组。多年生有分枝的徒长枝和发育枝,也可先缩先端旺枝,再适当短截后部枝,构成紧凑枝组。

③先截后缩法　对徒长枝或发育枝摘心或短截,促发分枝后再回缩,即可培养成结果枝组。

(3)结果枝组的修剪

①枝组大小的控制　结果枝要扩大,可短截 1~2 个发育枝,促其分枝扩大枝组。枝组的延长枝最好是折线式延伸,以抑上促下,使下部枝生长健壮。延长枝剪口芽要向着空间大的方向发展。较大的枝组已无发展空间时,可对其进行控制。方法是回缩至后部中庸分枝上,并疏除背上直立枝,以减少枝组内的总枝量。对已形成的细长型结果枝组,要适当回缩,以形成比例合适的紧凑型枝组。

②生长势的平衡　结果枝组的生长势以中庸为宜。枝组生长势过旺时,可利用摘心控制旺枝,冬季疏除旺枝,并回缩至弱枝弱芽处,或去直留平改变枝组角度等,控制其生长势。若枝组衰弱,中壮枝少,弱短枝多,可去弱留强,并回缩至壮枝、壮芽或角度较小

的分枝处,抬高结果枝组的角度并减少花芽量,以促其复壮。

③结果枝与营养枝比例的调节　结果枝组应是既能结果又有一定生长量的基本单位。对于大、中型结果枝组,需将其结果枝和营养枝调整至恰当的比例,一般为3:1左右。生长健壮的结果枝组(尤其是早实核桃),一般结果枝偏多,修剪时应适当疏除并短截一部分;生长势变弱的结果枝组,常形成大量的弱结果枝和雄花枝,修剪时应适当重截,疏除一部分弱枝和雄花枝,促发新枝。

④三叉形结果枝组的修剪　核桃多数品种一年生枝顶部,常常形成三个比较充实的混合芽或叶芽,萌发后常能形成三叉形结果枝组。这类枝组如不修剪,可连续结果2～3年,由于营养消耗过多,生长势逐年衰弱,以至干枯死亡。对于这类枝组应及时疏剪,在枝组尚强时,可疏去中间强旺的结果母枝,留下两侧的结果母枝。随着枝组增大,应注意回缩和去弱留强,以维持良好的长势和结果状态(图7-4)。

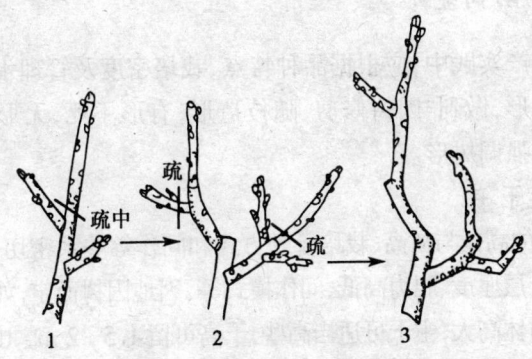

1. 三杈枝　2. 结果后　3. 连续结果状枝

图7-4　三杈状结果母枝修剪

⑤结果枝组的更新　由于枝组年龄过大,着生部位光照不良,过于密挤,结果过多,着生在骨干枝背后,枝组本身下垂,着生母枝衰弱等原因,均可使结果枝组生长势衰弱,不能分生足够的营养枝,结果能力明显降低,这种枝组需及时更新。枝组更新要从全树生长势的复壮

和改善枝组的光照条件入手,并根据枝组不同情况,采取相应的修剪措施。枝组内的更新复壮,可采取回缩至强壮分枝或角度较小的分枝处,剪果枝、疏花果等技术措施。对于过度衰弱、回缩和短截仍不发枝的结果枝组,可从基部疏除。如果疏除后留有空间,可利用徒长枝培养新的结果枝组。如果疏除前附近有空间,也可先培养成新结果枝组。然后将原衰弱枝组逐年去除以新代老。

三、核桃幼树的整形修剪

核桃在幼树阶段生长很快,如任其自由发展,则不易形成良好的丰产树形,尤其是早实核桃,分枝力强,结果早,易抽发二次枝,造成树形紊乱,不利于正常的生长与结果。因此,合理地进行整形和修剪,对保证幼树健壮生长,促进早果丰产和稳产具有重要的意义。

(一)幼树整形

在生产实践中,应根据品种特点、栽培密度及管理水平等确定合适的树形,做到"因树修剪,随枝造形,有形不死,无形不乱",切不可过分强调树形。

1. 定干

树干的高低与树高、栽培管理方式和间作等关系密切,应根据品种特点、土层厚度、肥力高低、间作模式等,因地因树而定,如晚实核桃结果晚,树体高大,主干可适当高些,干高可留 1.5~2 m。山地核桃因土壤瘠薄,肥力差,干高以 1~1.2 m 为宜。早实核桃结果早,树体较小,主干可矮些,干高可留 0.8~1.2 m。立地条件好的定干可高一些。密植时可低一些,早期密植丰产园干高可定 0.2~1 m。果材兼用型品种,为提高干材的利用率,干高可达 3 m 以上。

(1)早实核桃定干

在定植当年发芽后,抹除要求干高以下部位的全部侧芽。如幼树生长未达定干高度。可于翌年定干。如果顶芽坏死,可选留靠近顶芽的健壮芽,促其向上生长,待到一定高度后再定干。定干时选留主枝的方法与晚实核桃相同。

(2)晚实核桃定干

春季萌芽后,在定干高度的上方选留 1 个壮芽或健壮的枝条作为第 1 主枝,并将以下枝、芽全部剪除。如果幼树生长过旺,分枝时间推迟,为控制干高,可在要求干高的上方适当部位进行短截,促使剪口芽萌发,然后选留第 1 主枝。

2. 培养树形

主要有疏散分层形和自然开心形两种。

(1)疏散分层形

该树形有明显的中心领导干,一般有 6～7 个主枝,分 2～3 层螺旋形着生在中心领导干上,形成半圆形或圆锥形树冠。其特点是:树冠半圆形,通风透光良好,主枝和主干结合牢固,枝条多,结果部位多,负载量大,产量高,寿命长。但盛果期后树冠易郁闭,内膛易光秃,产量便下降。该树形适于生长在条件较好的地方和干性强的稀植树。

整形过程:①于定干当年或翌年,在定干高度以上选留 3 个不同方位(水平夹角约 120°)、生长健壮的枝条,培养成第 1 层主枝,枝基角不小于 60°,腰角 70°～80°,梢角 60°～70°,层内两主枝间的距离不小于 20 cm,避免轮生,以防主枝长粗,对中央干形成"卡脖"现象,其余枝条全部除掉。有的树生长势差,发枝少,可分两年培养。②当晚实核桃 5～6 年生,早实核桃 4～5 年生已出现壮枝时,开始选留第 2 层主枝,一般选留 1～2 个,同时在第 1 层主枝上的合适位置选留 2～3 个侧枝。第 1 个侧枝距主枝基部的距离为:晚实核桃 60～80 cm;早实核桃 40～50 cm。如果只留 2 层主枝,第 1 层和第 2 层之间的间距要加大,即晚实核桃 2m 左右;早实核桃 1.5 m 左右。核桃树喜光性强,树冠高大,枝叶茂密,容易造成树冠郁闭,应增加层间距。③晚实核桃6~7年生,早实核桃5~6年生时,继续培养第1层主、侧枝和选留第2层主枝上的1~2个侧枝。④晚实和早实核桃7~8年生时,选留第3层主枝1~2个。第3层与第2层主枝间距:晚实核桃2 m左右;早实核桃1.5 m左右,并从最上的主枝的上方落头开心,各层主枝要上下错开,插空选留,以免相互重叠。各级侧枝应交错排列,可充分利用空间,避免侧枝并生拥挤。侧枝与主枝的水平夹角以45°~50°为宜,侧枝着生位置以背斜侧为好,切忌留背后枝(图7-5)。

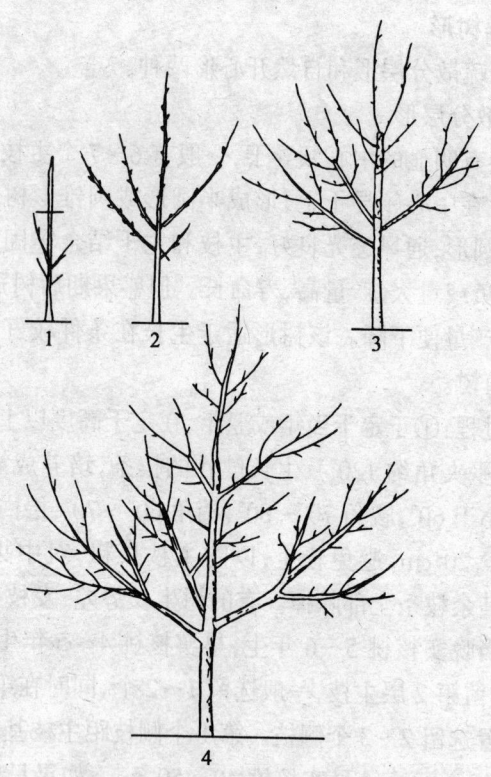

1. 定干　2. 第一年　3. 第二年　4. 第三年

图7-5　疏散分层形整形过程

各骨干枝生长势的调整：主、侧枝是树体的骨架，叫骨干枝，整形过程中要保证骨架坚固，协调主从关系。定植4～5年后树形结构已初步固定，但树冠的骨架还未形成，每年应剪截各级枝的延长枝，促使分枝。8年后主、侧枝已初选出，整形工作大体完成。在此之前，要调节各级骨干枝的生长势，过强的应加大基角，或疏除过旺侧枝特别是控制竞争枝。干较弱时可在中心干上多留辅养枝，生长势弱的骨干枝可扶起角度，通过调整，使树体各级主、侧枝长势均衡。

(2)自然开心形

该树形无中央领导干，一般有2～4个主枝。其特点是成形快，结果早，各级骨干枝安排较灵活，整形容易，便于掌握。幼树树形较直立，进入结果期后逐渐开张，通风透光好，易管理。该树树形适于在土层较薄，土质较差，肥水条件不良地区栽植的核桃和树姿开张的早实品种。根据主枝的多少，开心形可分为两大主枝、三大主枝和多主枝开心形，其中以三大主枝较常见。又依开张角度的大小可分为多干形、挺身形和开心形。

整形过程：①晚实核桃3～4年生、早实核桃3年生时，在定干高度以上按不同方位留出2～4个枝条或已萌发的壮芽作主枝。各主枝基部的垂直距离一般20～40 cm，主枝可一次或两次选留，各相邻主枝间的水平距离(或夹角)应一致或相近，且生长势要一致。②主枝选定后，要选留一级侧枝。每个主枝可留3个左右侧枝，上下、左右要错开，分布要均匀。第1侧枝距离主干的距离：晚实核桃0.8～1 m；早实核桃0.6 m左右。③一级侧枝选定后，在较大的开心形树体中，可在其上选留二级侧枝。第一主枝一级侧枝上的二级侧枝数1～2个，其上再培养结果枝组，这样可以增加结果部位，使树体丰满；第2主枝的一级侧枝数2～3个。第二主枝上的侧枝与第一主枝上的侧枝间距：晚实核桃1～1.5 m；早实核桃0.8 m左右。至此，开心形的树冠骨架已基本形成(图7-6)。

该树形要特别注意调节各主枝间的平衡。

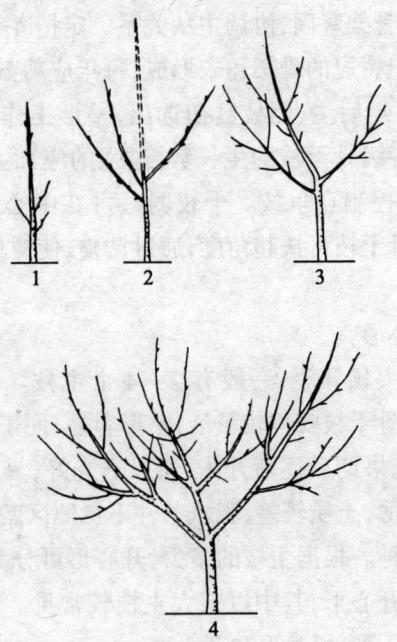

1. 定干   2. 第一年   3. 第二年   4. 第三年

图 7-6 自然开心形整形过程

(二)幼树修剪

核桃幼树修剪是在整形的基础上,继续选留和培养结果枝和结果枝组,并及时剪除一些无用枝,是培养和维持丰产树形的重要技术措施。此期应充分利用顶端优势。用高截、低留的定干整形法,即达到定干高度时剪截,低时留下顶芽,达到定干高度时采用破顶芽或短截手法,促使幼树多发枝,尽快形成骨架,为丰产打下坚实的基础,达到早成形、早结果的目的。许多晚实类的核桃新梢顶芽肥大,优势很强,萌生侧枝及短枝力弱,可在新梢长 60～80 cm时摘心,促发 2～3 个侧枝,这样可加强幼树整形效果,提早

成形。核桃朸树的修剪方法,因各品种生长发育特点的不同而异,其具体方法有下面几种:

1. 控制二次枝

早实核桃在幼龄阶段抽生二次枝是普遍现象。由于二次枝抽生晚,生长旺,组织不充实,在北方冬季易发生抽条现象,必须进行控制,其具体方法:①若二次枝生长过旺,可在枝条未木质化之前,从基部剪除。②凡在一个结果枝上抽生3个以上的二次枝,可于早期选留1~2个健壮枝,其余全部疏除。③在夏季,对选留的二次枝,如生长过旺,要进行摘心,控制其向外伸展。④如一个结果枝只抽生1个二次枝,生长势较强,于春季或夏季将其短截,以促发分枝,培养结果枝组。短截强度以中、轻度为宜。

2. 利用徒长枝

早实核桃由于结果早、果枝率高、花果量大、养分消耗过多,常常造成新枝不能形成混合芽或营养芽,以至第二年无法抽发新枝,而其基部的潜伏芽会萌发成徒长枝。这种徒长靶第二年就能抽生5~10个结果枝,最多可达30个。这些果枝由顶部向基部生长势过渡,枝条变短,最短的几乎看不到枝条,只能看到雌花。第三年中下部的小枝多干枯脱落,出现光秃带,结果部位向枝顶推移,易造成枝条下垂。必须采取夏季摘心法或短截法,促使徒长枝的中下部果枝生长健壮,达到充分利用粗壮徒长枝培养健壮结果枝组的目的。

3. 处理好旺盛营养枝

对生长旺盛的长枝,以下修剪或轻修剪为宜。修剪越轻,总发枝量、果枝量和坐果数就越多,二次枝数量就越少。

4. 疏除过密枝和处理好背下枝

早实核桃枝量大,易造成树冠内膛枝多、密度过大,不利于通风透光。对此,应按照去弱留强的原则,及时疏除过密的枝条。其具体方法:从枝条基部剪除,切不可留桩,以利伤口愈合。背下枝多着生在母枝先端背下,春季萌发早,生长旺盛,竞争力强,容易使原枝头变弱,而形成"倒拉"现象。甚至造成原枝头枯死。处理方法:在萌芽后或枝条伸长初期剪除。如果原母枝变弱或分枝角度过小,可利用背上枝或斜上枝代替原枝头,将原枝头剪除或培养成结果。如果背下枝生长势中等,并已形成混合芽,则可保留其结果。如果背下枝生长健壮,结果后可在适当分枝处回缩,培养成小型结果枝。

四、核桃成年树的修剪

成年期的核桃树,树形已基本形成,产量逐渐增加。进入此时期核桃树的主要修剪任务是:继续培养主、侧枝,充分利用辅养枝早期结果,积极培养结果枝组,尽量扩大结果部位。其修剪原则是:去弱留强,先放后缩,放缩结合,防止结果部位外移。结果盛期以后,由于结果量大,容易造成树体营养分配推敲,形成大小年,甚至有的树由于结果太多,致使一些枝条枯死或树势衰弱,严重影响了核桃树的经济寿命。成年树修剪要根据具体品种、栽培方式和树体本身的生长发育情况灵活运用,做到因树修剪。

(一)结果初期树的修剪

此期树体结构初步形成,应保持树势平衡,疏除改造直立向上的徒长枝,疏除外围的密集枝及节间长的无效枝,保留充足的有效枝量(粗、短、壮),控制强枝向缓势发展(夏季拿、拉、换头),充分利用一切可利用的结果枝(包括下垂枝),达到早结果,早丰产的目的。

1. 辅养枝修剪

对已影响主、侧枝的辅养枝,可以回缩或逐渐疏除,给主、侧枝让路。

2. 徒长枝修剪

可采用留、疏、改相结合的方法进行修剪。早实核桃应当在结果母枝或结果枝组明显衰弱或出现枯枝时,通过回缩使其萌发徒长枝。对萌发的徒长枝可根据空间选留,再经轻度短截,从而形成结果枝组。

3. 二次枝修剪

可用摘心和短截方法,促其结果枝组。对过密的二次枝则去弱留强。同时,应注意疏除干枯枝、病虫枝、过密枝、重叠枝和细弱枝。早实核桃重点是防止结果部位迅速外移,对树冠外围生长旺盛的二次枝进行短截或疏除。

(二)盛果期树的修剪

盛果期的大核桃树,树冠大部分接近郁闭或已郁闭,外围枝量逐渐增多,且大部分成为结果枝,并由于光照不足,部分小枝干枯,主枝后部出现光秃带。结果部位外移,易出现隔年结果现象。因此,这个时间修剪的主要任务是:调整营养生长和生殖生长的关系,不断改善树冠内的通风透光条件,不断更新结果枝,以达到高产稳产的目的。其修剪要点是:疏病枝,透阳光,缩外围,促内膛,抬角度,节营养,养枝组,增产量。特别是要做好抬、留的科学运用,绝对不能一次处理下垂枝,要本着三抬一、五抬二的手法(下垂枝连续3年生的可疏去1年生枝,5年生枝缩至2年生处,留向上枝)。具体修剪方法:

1. 骨干枝和外围枝的修剪

晚实核桃,随着结果量的增多,特别是丰产年份,大、中型骨干枝常出现下垂现象,外围枝伸展过长,下垂得更严重。因此,对骨干枝和外围枝必须进行修剪。修剪的要点是,及时回缩过弱的骨干枝。回缩部位可在有斜上生长的侧枝前部,按去弱留强的原则,疏除过密的外围枝,对可利用的外围枝,可适当短截,以改善树冠的通风透光条件,促进保留枝芽的健壮生长。

2. 结果枝组的培养与更新

加强结果枝组的培养,扩大结果部位,防止结果部位外移,是保证核桃树盛果期丰产稳产的重要技术措施,特别是晚实核桃。

(1)培养结果枝组的原则

大、中、小配置适当,均匀地分布在各级主、侧枝上;在树冠内总体分布是里大外小,下多上少,使内部不空,外部不密,通风透光良好,枝组间距离为 0.6~1 m。

(2)培养结果枝组的途径

①对着生在骨干枝上的大、中型辅养枝,经回缩改造成大、中型结果枝组。

②对树冠内的健壮发育枝,采用去直立留平斜,先放后缩的方法,培养成中、小型枝组。

③对部分留用的徒长枝,应首选开张角度,控制旺长,配合夏季摘心和秋季于"盲节"处短截,促生分枝,形成结果枝组。结果枝组经多年结果后,会逐渐衰弱,应及时更新复壮。

(3)培养结果枝的具体方法

①2~3 年生的小型结果枝组,视树冠内的可利用空间,按去弱留强的原则,疏除一些弱小或结果不良的枝条;盛果后期核桃树生长势开始衰退,每年抽生的新梢很短,常形成三杈状小结果枝组,应及时回缩,疏除部分短枝,以保生长与结果平衡。

②长势弱的中型结果枝组,可及时回缩复壮,使其内部交替结果,同时控制结果枝组内旺枝。

③大型结果枝组,应控制其高度和长度,以防"树上长树"。如无延长能力或下部枝条过弱的大型果枝组,则应进行回缩修剪,以保持其下部中、小型枝组的正常生长结果。

3. 辅养枝的利用与修剪

辅养枝是指着生于骨干枝上的临时性枝条。其修剪要点是:

(1)辅养枝与骨干枝不发生矛盾时,可保留不动;如果影响主、侧枝的生长,就应及时去除或回缩。

(2)辅养枝生长过旺时,应去强留弱或回缩到弱分枝处。

(3)对生长势中等,分枝良好,又有可利用空间者,可剪云枝头,将其改造成大、中型结果枝组。

4. 徒长枝的利用和修剪

核桃成年树,随着树龄和结果量的增加,外围枝生长势变弱或受病虫危害时容易形成徒长枝,早实核桃更易发生。其具体修剪方法如下:

(1)如内膛枝条较多,结果枝组又生长正常,可从基部疏除徒长枝。

(2)如内膛有空间,或其附近结果枝组已衰弱,可利用徒长枝培养成结果枝组,促使结果枝组及时更新。

(3)在盛果末期,树势开始衰弱产量下降,枯死枝增多,更应注意对徒长枝的选留与培养。

5. 背下枝的处理

晚实核桃树背下枝强旺和夺头现象比较普遍。背下枝多由枝头的第2到第4个背下芽发育而成,生长势很强,若不及时处理,极易造成枝头"倒拉"现象,必须进行修剪。其具体修剪方法:

(1)如生长势中等,并已形成混合芽,可保留结果。

(2)如生长健壮,待结果后,可在适当分枝处回缩,培养成小型结果枝组。

(3)如已产生"倒拉"现象,原枝头开张角度又较小,可将原头枝剪除,让背下枝取而代之。对无用的背下枝则要及时剪除。

五、核桃衰老树的修剪

核桃树进入衰老期,外围枝生长势减弱,小枝干枯严重。外围枝条下垂,产生大量"焦梢",同时萌发出大量的徒长枝,出现自然更新现象,产量也显著下降。为了延长结果年限,可对衰老树进行更新复壮。修剪要点是:首先,疏除病虫枯枝,密集无效枝,回缩外围枯梢枝(但必须回缩至有生长能力的部位),促其萌发新枝。其次,要充分利用好一切可利用的徒长枝,尽快恢复树势,继续结果。对严重衰老树,要采取大更新,即在主干及主枝上截去衰老部分的 1/3~2/5,保证一次性重发新枝,3年后可重新形成树冠。具体修剪方法有下面三种。

(一)主干更新(大更新)

将主枝全部锯掉,使其重新发枝,并形成主枝,具体做法有两种:

(1)对主干过高的植株,可从主干的适当部位,将树冠全部锯掉,使锯口下的潜伏芽萌发新枝,然后从新枝中选留方向合适、生长健壮的枝条2~4个培养成主枝。

(2)对主干高度适宜的开心形植株,可在每个主枝的基部锯掉。如系主干形植株,可先从第一层主枝的上部锯掉树冠,再从各主枝的基部锯掉,使主枝枝基部的潜伏芽萌芽发枝。

(二)主枝更新(中更新)

在主枝的适当部位进行回缩,使其形成新的侧枝,具体修剪方法:选择健壮的主枝,保留50~100 cm长,其余部分锯掉,使其在主枝锯口附近发枝,发枝后,每个主枝上选留方位适宜的2~3个健壮的枝条,培养成一级侧枝。

(三)侧枝更新(小更新)

将一级侧枝在适当的部位进行回缩,使其形成新的二级侧枝。其优点是,新树冠形成和产量增加均较快。具体做法是:

(1)在计划保留的每个主枝上,选择2~3个位置适宜的侧枝。

(2)在每个侧枝中下部长有强旺分枝的前端(或下部)进行剪截。

(3)疏除所有的病枝、枯枝、单轴延长枝和下垂枝。

(4)对明显衰弱的侧枝或大型结果枝组应进行重回缩,促其发新枝。

(5)对枯梢枝要重剪,促其从下部或基部发枝,以代替原枝头。

(6)对更新的核桃树,必须加强土、肥、水和病虫害防治等综合技术管理,以防当年发不出新枝,造成更新失败。

六、核桃放任树的修剪

目前,我国放任生长的核桃树仍占相当大的比例。一部分幼旺树可通过高接换优的方法加以改造。对大部分进入盛果期的核桃大树,在加强地下管理的同时可进行修剪改造,以迅速提高核桃的品质、产量。

(一)放任生长树的树体表现

1. 大枝过多,层次不清

主枝多轮生、重叠或并生。第一层主干常有4~7个,中心领导干极度衰弱,枝条紊乱。

2. 结果部位外移,内膛空虚

主枝延伸过长,先端密集,基部秃裸,造成树冠郁,通风透光不良,内膛空虚、枝条细弱并逐渐干枯,结果部位外移。

3. 生长衰弱,坐果率低

结果枝细弱,连续结果能力低,落花、落果严重,坐果率一般中有30%~90%,产量低且隔年结果现象严重。

4. 衰老树自然更新现象严重

衰老树外围焦梢,从大枝中下部萌生新枝,形成自然更新,重新构成树冠,连续几年产量很少。

(二)放任树改造修剪的方法

1. 树形改造

放任树的修剪应根据具体情况随树作形。如果中心领导枝明显,可改造成疏散分层形;中心领导枝已很衰弱或无中心领导枝的,可改造成自然开心形。

2. 大枝处理

修剪前要对树体进行全面分析。重点疏除影响光照的密集枝、重叠枝、交叉枝、并生枝和病虫危害枝,留下的大枝要分布均匀,互不影响,以利侧枝的配备。一般疏散分层形留5~7个主枝,特别是第一层要留好3~4个。自然开心形可留3~4个主枝。为避免因一次疏除大枝过多而影响树势,可以对一部分交叉重叠的大枝先进行回缩,分年疏除,对于较旺的壮龄树也应分年疏除大枝,以免引起生长势更旺。

3. 中型枝的处理

中型枝是指着生在中心领导枝和主枝上的多年生枝。大枝疏除后从整体上改善了通风透光条件,但在局部会有许多着生不适当的枝条。为了使树冠结构紧凑合理,处理时首先要选留一定数量的侧枝,其余枝条采取疏间和回缩相结合的方法,疏除过密枝、重叠枝,回缩过长的下垂枝,使其抬高角度。大枝疏除较多时,可多留些中型枝。大枝疏除少时,可多疏除些中型枝。

4. 外围枝的调整

对冗长的细弱枝、下垂枝,必须进行适度回缩,抬高角度,增强长势。对外围枝丛生密集的要适当疏除。衰老树的外围枝大部分是中短果枝和雄花枝,应适当疏间和回缩,用粗壮的枝带头。

5. 结果枝组的调整

经过大、中型枝的疏除和外围枝的调整,通风透光条件得到了改善,结果枝组有了复壮的机会,可根据树体结构、空间大小、枝组类型(大型、中型、小型是)和枝组的生长势来确定结果枝组的调整,对枝组过多的树,要选留生长健壮的枝组,疏除衰弱的枝组,有空间的可适当回缩,去掉细弱枝、雄花枝和干枯枝,培养强壮结果枝组结果。

6. 内膛枝组的培养

经过改造修剪的核桃树,内膛常萌发许多徒长枝,要有选择地加以培养和利用,使其成为健壮的结果枝组。常用两种方法培养:一是先放后缩,即对选留的中庸徒长枝(长度在 80～100 cm)第一年长放,任其自然分枝,第二年根据需要的高度,回缩到角度大的分枝上,下年修剪时再去强留弱。二是先截后放,即第 1 年徒长枝长到 60～80 cm 时,采取夏季带叶短截,截去 1/4～1/3,或在 5～7 个芽处短截,促进分枝,有的当年便可萌发出二次枝,第二年除去直立旺长枝,用较弱枝当头缓放,促其成花结果。对于生长势很旺、长度在 1.2～1.5m 的徒长枝,因其极性强,难以控制,一般不宜选用。

内膛结果枝组的配备数量,应根据具体情况而定,一般枝组间距离 60～100 cm,做到大、中、小枝相互间,交错排列。树龄较小、生长势较强的树,尽是少留或不留背上直立枝组。衰弱的老树,可适当多留一些背上枝组。

(三)放任树改造修剪的步骤

核桃放任树的改造修剪一般需 3 年完成,以后可按常规修剪方法进行。

1. 调整树形

根据树体的生长情况、树龄和大枝分布,确定适宜改造的树形。然后疏除过多的大枝,利于集中养分,改善通风透光。对内膛萌发的大量徒长枝,应加以充分利用。经2~3年培养结果枝组,对于树势较旺的壮龄树应分年疏除大枝,否则长势过旺,也会影响产量。在去大枝的同时,对外围枝要适当疏间,以疏外养内,疏前促后,树形改造1~2年完成,修剪量占整个改造修剪量的40%~50%。

2. 稳势修剪阶段

树体结构调整后,还应调整母枝与营养枝的比例,约为3:1,对过多的结果母枝可根据空间和生长势进行去弱留强,充分利用空间。在枝组内调整母枝留量的同时,还应有1/3左右交替结果的枝组量,以稳定整个树体生长与结果的平衡。此期年修剪量应掌握在20%~30%。

上述修剪量应立地条件、树龄、树势、枝量多少灵活掌握,各大、中、小枝的处理统盘考虑,做到因树修剪,随枝作形。另外,应与加强土肥水管理相结合,否则,难以收到良好的效果(图7-7)。

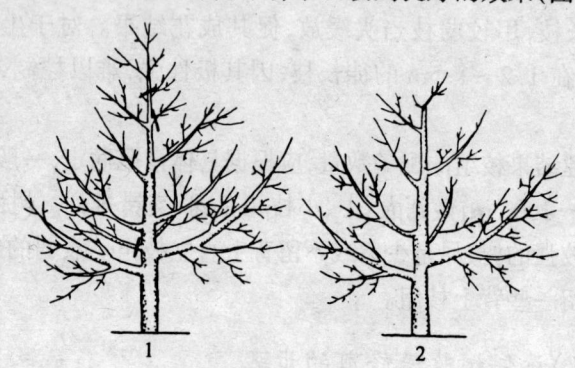

1. 修剪前　2. 修剪后

图7-7　放任树修剪

第八章 果实处理和加工技术

核桃坚果品质除受品种特性和栽培管理水平影响之外,还与采收后的一系列处理和加工方法有关。通常,果实采收后须经脱皮、漂洗、干燥、取仁、分级、贮藏等处理,才能成为用途各异的商品。

一、脱青皮

核桃脱青皮的方法有堆沤法和药剂催熟法两种。堆沤法是中国核桃脱皮的传统方法。当核桃采收后随即运到庭院的蔽阴处或通风的室内,按 50 cm 左右的厚度堆沤 5~7 天,待青皮松离或绽裂时,用棍敲击脱皮。此法常因堆沤敲击使坚果表面产生黑斑,降低品质和售价。药剂催熟脱皮是把刚采收的、青皮完好的果实,用浓度为 3 000~5 000 μg/g 的乙烯利溶液浸沾或均匀喷洒后,在温度 30 ℃左右,相对湿度 80%~90% 的条件下堆放 3 天左右,大部分青皮即可脱离;处理后 5 天,离皮率可达 95% 以上。该方法脱皮时间集中,省工、省力,成本低,效率高,脱皮干净,商品质量好,一级果可达 85%。目前,已在山东、北京、河南、云南、陕西等地推广应用。

二、坚果漂洗

为适应市场对核桃坚果外观的要求,脱皮后的坚果表面可能残留烂皮、泥土或其他污染物,不仅要及时用清水冲洗干净,还要用次氯酸钠溶液或漂白粉溶液漂洗至洁白,再用清水洗净。

作种子用的坚果,脱皮后忌用水洗,也无需漂白,可直接晾干后贮藏或沙藏。

三、坚果干燥

漂洗后用清水冲洗干净的坚果,要及时进行干燥。干燥方式分日晒和烘烤两种。日晒应将果实摊放于竹箔或苇席上,厚度不超过两层果实,忌在烈日下曝晒,5~7天可晒干。

南方产区,由于核桃采收季节多阴雨天气,日晒干燥受到限制。60年代以来推行了各种烘烤干燥方法,其中以简易木炭烤房和地火龙式烤房结构较复杂,有灶门、主火道、分火道、烟囱、进(排)气孔、天窗、炕架等。具体方法多采用变温干燥,刚上炕时温度控制在25~30℃,干至四成左右时,升温至35~40℃,到七八成时,温度控制在30℃左右,直到干透。无论采用哪种干燥方式,以核仁含水量不超过6%作为核桃坚果的水分含量指标。

四、坚果分级

核桃坚果市场价格的高低主要取决于坚果大小,坚果愈大价格愈高。根据外贸出口的要求,以坚果直径大小为主要指标。通常将商品坚果分为三等,>30 cm 为一等,28~30 cm 为二等,26~28 cm 为三等,直径达不到26 mm者为等外果。此外,要求坚果表面光洁,干燥,成品内不许有杂质。霉烂果、虫蛀果及破裂果不超过10%。

1987年中国国家标准局发布的"核桃丰产与坚果品质"标准中,以坚果外观、单果重、取仁难易、种仁颜色与饱满程度、核壳厚度、出仁率及风味等八项指标将核桃坚果品质划分为优级、一级、二级、三级四个等级。标准中还明确规定露仁、缝合线开裂、果面或种仁有黑斑的坚果超过抽检样品数量的10%时,不能评为优级与一级;抽检样品中夹仁果超过5%时列为等外。

五、取仁方法及核仁分级

核桃取仁是核桃加工过程中的一个重要环节,随着生产的发展,机械取仁已成为加工行业和生产者的共同愿望。近些年,河南省林业科学研究所及其他科研单位和生产厂家先后研制出多种取仁机械的样机,在试用过程中因受多种条件所限,迄今未能在生产中推广应用。目前,手工砸取仁仍是中国核桃取仁的主要方法。

用于外贸出口的核桃仁主要依其颜色及完整程度分为白头路、白二路、白三路、浅头路、浅二路、浅三路、混四路、深三路等八个等级。

六、坚果贮藏

核桃坚果的贮藏方法随贮藏数量与贮藏时间长短异。数量较少但贮期较长时,可用聚乙烯袋包装,在0~5℃的条件下冷藏2年以上品质不变;若贮藏期不超过次年夏季,可用尼龙袋或布袋包装在室内挂藏;数量大而贮藏期长的,可用麻袋包装于冷藏库低温贮藏。也可用塑料薄膜作果帐密封贮藏。在湿度大的地方用果帐贮藏,封帐时帐内应加放吸湿剂。为防止贮藏过程中因呼吸作用增加养分消耗和霉烂现象,可向帐内通入二氧化碳或氮气,以增加贮藏效果。

七、核桃仁食品加工

核桃仁不仅含有丰富的脂肪和蛋白质,还含有大量的矿物质和维生素等,是理想的营养与医疗保健食品。为了满足市场需要,以核桃为原料加工成的食品越来越多。主要有以下几类产品:以坚果为原料的主要有椒盐核桃和五香核桃等产品。以核桃仁为原料的产品较多,其中罐头制品有甜味核桃仁、咸味核桃仁、琥珀核桃仁等;作糕点原配料的制品有核桃茯苓夹饼、桃仁月饼及各种糕点等;作糖果制品有桃仁麻片、核桃蘸、核桃奶糖等;作烤制食品配料的主要有夹心面包、各种高级蛋糕等;作饮料食品的主要有雪糕、冰淇淋、果茶等;还有将核桃仁经过蜜制后加入牛奶制品中制成各种乳制品。

1. 核桃乳的生产技术

随着人民生活水平的日益提高,对保健营养食品的需求越来越大。动物蛋白营养价值较高,但价格昂贵,且含有较多的胆固醇,大量摄取动物蛋白易导致动脉硬化,高血压,肥胖病等现代"文明病"。

核桃是一种营养丰富的食品原料,不含胆固醇,含有丰富的核黄素,卵磷脂,微量元素,维生素,氨基酸及大量不饱和脂肪酸,可以防止机体早衰,促进脑细胞发育,减少胆固醇的合成,防止动脉硬化,是一种理想的营养保健食品。

产品质量和生产工艺:

(1)产品质量标准(参照 JAS 标准制定)

A. 感官指标

色泽:浓白色乳状液

风味:具有核桃香味,无苦涩和其他异味

B. 卫生指标

细菌总数(个/ml)	≤100
大肠菌群(个/ml)	<6
致病菌	不得检出

(2)工艺流程

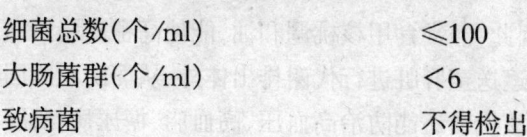

经济效益概算：

年产 500 万罐核桃乳，设备投资 70 万元左右，厂房面积 700 m²。

项　　目	
核桃乳成本(元/万罐)	16 000
售价(元/万罐)	20 000
年产值(万元)	1 000
年税利(万元)	约 200

另外该生产线也可生产软包装核桃乳饮料。

2. 核桃油生产技术

核桃是一种高级绿色食品。自古以来，核桃的保健功能就为人们所认识和推崇，被誉为"万岁子"、"长寿果"。《本草纲目》还认定它能补气养血。通过科学加工提取的核桃油，与其他食用植物油配比后制成的营养核桃调和油，更能体现核桃的营养价值。

经国内外营养医学专家研究确认，核桃油中富含高达 90% 左右的多种不饱和酸，其中亚油酸含量较多，为普通菜籽油含量的 3~4 倍。亚油酸是人体必需的脂肪酸，如缺乏必需的脂肪酸，人体所有系统均会出现异常。但人体自身不能合成亚油酸，必须靠从食物中摄取，而一般的食用植物油如菜籽油不能供给人体正常需要的亚油酸。因此,经常食用核桃调和油,能使高密度脂蛋白水平上升,将胆固醇运送至肝脏进行代谢排出体外,从而防止胆固醇形成。同时,食用核桃油还能防治高血压、高血脂、糖尿病、肥胖症等多种常见的"富贵病"。在欧美等发达国家,食用核桃油已成为一种消费趋势,美国还将其指定为宇航员食品,更证明了核桃油对人体的重要性。

第九章　低产劣质核桃的高接改优技术

我国核桃低产树多分布于山区、丘陵的梯田地埂及堰边,此外,为零星栽植,多数地方以林粮间作为主,集约化栽培的核桃园较少。但由于长期采用实生繁殖,半野生状态栽培,核桃产量和质量均较低、经济效益差。在国际市场上,因为我们的质量低,而节节败退,由原来的畅销为滞销,市场被美国的优质核桃所取代,自20世纪90年以后带壳核桃几乎全部挤出欧洲市场。在国内市场上,尽管核桃中含有大量营养物质,且有保健作用,也因为质量差,缺乏竞争力。其原因在于我们的栽培技术落后,缺乏良种,优质无公害核桃少,因此,不发展良种,我们的核桃生产只有倒退不会前进。20世纪80年代以来,我国各地相继选育出了一批优良品种,1989年国家林业部通过鉴定了16个早实品种,尔后,有关省又选育鉴定了28个品种,引进外国品种10个。山西汾阳建成了核桃良种基因库,河南林州建立了核桃品种收集圃,良种示范园,并对一些劣质杂种、实生低产树大胆尝试改良,均取得了明显成效。林州市北小庄村采用高接换头技术、改良实生核桃园300亩,高接第二年开始结果,第四年株均结果4.8 kg,比高接前提高3.4倍。如果我们采用新品种、新技术、大力推广应用,加速成果转化,借助于我国的丰富资源加速改良,3~5年恢复树冠,产量大增,这是一项巨大的社会工程,也是我国历史几千年的实生核桃栽培向品种化栽培的一大转折。将使我国核桃以优质商品重新打入国际市场,为开发山区经济起到重要的作用。

一、高接改优技术

1. 高接树的选择

幼树嫁接,是对2~7年生,地径在3 cm以上实生幼树进行嫁接。对于新植的幼树,要注意加强土、肥水管理,促使其生长旺盛,催生一年生旺枝,从而保证成活率,提早进行改良。

大树嫁接,是对8~20年生,已进入结果期,但不结果或个小、皮厚、夹仁、产量低的低等树进行嫁接,使这些大树尽快达到优质高产的指标。树龄20年以上,这类树原则上不进行改接,如果是低干矮冠低产树,操作方便时也可以改接换优。

2. 高接品种的选择

高接品种要进行严格选择,品种选择直接影响经济效益。要从生物学特性、经济性状、抗逆性方面加以考虑,不论是早实核桃或是晚实核桃,首先,应具备连续丰产性强、达到或超过国家标准要求。其次,是果品质高,达到国家标准中优级或一级指标要求。其三,适应性强,树势强健,特别在北方要注意抗寒和抗晚霜品种,干旱地区要选择耐旱性强品种,雨水多的地区要选择抗病品种。其四,一个地方确定2~3个主栽品种,果个大小、果仁颜色、成熟期基本一致,配以适当的授粉树,品种太多,会造成良种混杂,同时商品性差。

3. 高接砧木的处理

劣质核桃的高接改优可以采用多种方法,不同的嫁接方法,对砧木的处理采取不同的办法。

方块芽接砧木处理:对于准备嫁接幼、中龄核桃树,在嫁接当年早春发芽前,全部采用落头、短截,使其萌发一年生新枝。根据树龄、树冠的不同,可采用单头或多头留芽。一般2~3生的幼树,未形成树冠,仅有的分枝又比较细弱,在离地面5~10 cm处重截;已形成树冠的,确定培养的三大主枝进行短截,每枝长度一般在20~30 cm;对于大树,根据树冠的大小,原从属关系,确定留芽部位、数量、嫁接。短截后,选定培养一年生的枝芽,对萌发的其他芽及时抹除,等一年生嫩枝中部粗度达到1 cm以上,即可进行嫁接。

插皮舌接砧木处理:选择生长健壮的植株,嫁接部位直径粗度5~7 cm为宜,最粗不超过10 cm,过粗不利于砧木接口断面愈合,对10年左右的树,高接部位因树制宜。可在主干或主枝上进行单头单穗、单头双穗或多头多穗。10年生以上的树应根据砧木的原从属关系进行高接,高接头数不能少于4~6个。

4. 接穗的采集与保存

接穗质量是嫁接成活的关键因素之一,采集接穗要选择品种优良、树体健壮、无病虫害、生长结果良好的成龄树冠外围中上部。幼树上的枝条不够充实和髓心大的枝条,不宜作接穗。夏季芽接采集接穗,要随时去掉叶片,减少蒸发,留叶柄0.5 cm左右;春季枝接,接穗应在发芽前20~30天采集。接穗采集后,按不同品种挂上标签记号、捆成50~100根小捆,置于湿冷的地方贮存备用。贮藏期间的温度应保持0~5 ℃,相对湿度在60%以上。接穗最好是随采随用,尽量缩短贮存时间,贮藏时间较长,如果贮藏不当,容易造成失水,影响嫁接成活率。春季枝接、接穗接前蜡封能限制接穗水分的散失,保持新鲜状态,提高成活率,效果良好。

5. 高接换种的嫁接方法

根据核桃的生理学特性,整个生长期都可以嫁接,只是不同季节所采取的方法不同,适宜的土壤温度、空气温度、空气湿度和良好的通风条件有利于愈伤组织形成,伤口尽快愈合,提高嫁接成活率。

核桃树更新品种可采用多种方法,根据种芽接穗和砧木的结合形式,主要有枝接、芽接两类方法。枝接又分劈接、插皮接、插皮舌接等。芽接主要有"T"字形芽接法,方块芽接法等。根据我们多年的实践,核桃采用春季插皮舌接,夏季方块芽接成活率高,长势好。

方块芽接:根据实践经验、方块芽接最适温度20~25℃,最佳气温25~32℃,空气温度60%~90%。核桃接穗枝条木质化或基本木质化。在河南林州市以5月下旬至6月上、中旬,为最佳嫁接时间,这时形成细胞最活跃,伤口愈合最快,十分有利成活。当年新梢可长到70 cm左右。进入7月份嫁接因雨水多、光照少、愈合慢,成活次之。其嫁接方法是:选接穗中部发育饱满的叶芽或混合芽做接芽,用芽接刀在接芽上下方同时各横切一刀,将叶柄两旁各竖切一刀,透过皮层,左手握住接穗,右手的母指和食指捏住叶柄,拇指指甲从一边扣住芽片,将芽片从接穗上取下。在砧木上当年新发枝条上选好位置,切取与芽片大小一样的皮,将接穗上的芽贴在砧木上,用0.014 mm的地膜将接芽密封,扎紧即可。注意从切砧到削芽动作要快捷,切口要平滑,刀具要锋利无菌,接芽和砧木切口四边要对准,严紧扎。要领是:"一平二快三对准,四保干净五扎紧,十天检查快补接"。嫁接后一般砧木上留2~3片叶子,一周后至十天在接芽上1.5 cm,将砧木全部剪掉,一般2~3周接芽萌动(图9-1)。

插皮舌接:又称皮下接,是一种枝接的方法。当树液活动、开始离皮时即可进行。①放水:核桃不同其他果树,嫁接时常有伤流液从接口处溢出,有时十分严重,影响嫁接成活率。因此,在嫁接时需要在干枝或主枝基部5~10 cm锯2~3个锯口,深度致形成层,呈螺旋状交错斜锯放水。②削接穗的方法是:选取充实、新鲜的接穗。剪取12~15 cm长,上端留2~3个饱满芽,剪口距顶芽1~1.5 cm,下端削成5~7 cm长薄舌状马耳形削面,削面要平滑。③砧木处理:选择要改接树干(枝)平直光滑处,将上端截去,然后用利刀将断面削平。在欲接处横削2~3 cm的月芽状切口,在切

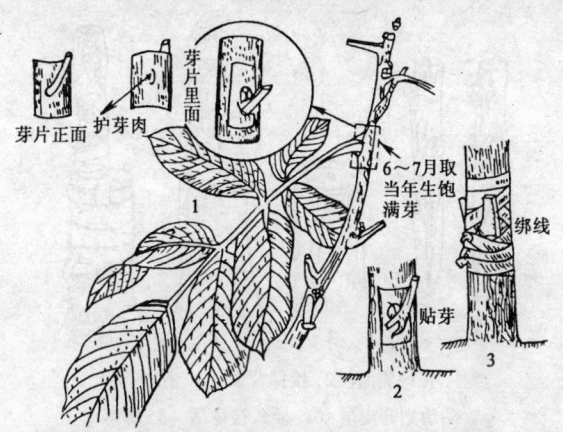

1. 剪取接穗及剥取芽片　2. 砧木嵌贴芽片　3. 绑缚严密

图 9-1　大方块形芽接

口下削去粗老树皮,露出嫩皮 2～3 mm 厚,上部插口处薄些,下部稍厚些,削面略长于接穗削面。④插入接穗:将已削好的接穗的皮层轻轻揭离木质部,将接穗的木质部插入砧木的皮层中,接穗的皮层正好盖在砧木的嫩皮层上。⑤绑扎:接口用较厚的塑料带或尼龙编织绳绑扎牢固。绑扎时,注意力度,以防环缢内层影响养分运输。⑥保湿处理,接穗固定后,随即用塑料筒套扎在接口上,内装细湿土至接穗顶部以上 2 cm。塑料筒上留 10 cm 空间扎紧,以减少水分蒸发,便于新梢生长(图 9-2)。

二、高接改优后的管理

1. 除萌

当接穗芽子萌发后,要及时去掉砧木上的萌蘖,以免影响接穗的生长。若接穗死亡,萌芽可保留一部分,以便芽接补救。

2. 放风

枝接 20 天左右接穗开始萌发,当新梢长到袋顶部时,可将顶

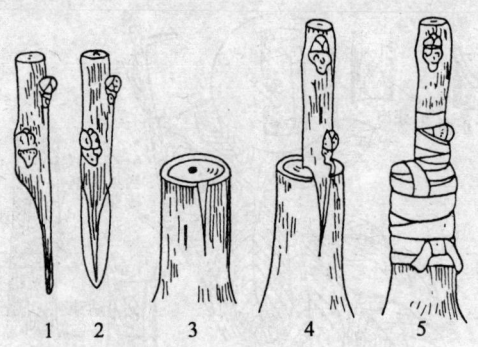

1. 接穗侧面 2. 接穗背面 3. 剪(或锯)
砧后划开皮层 4. 插入接穗后 5. 绑缚

图 9-2 插皮接

部打开一小口,让嫩梢尖端自然伸出,放风口由小到大,循序渐进,不可一次打开,更不能把袋子去掉,当新梢出袋后可将顶部打开,适应环境。

芽接后半月要观察叶柄情况,因地膜包扎较严,有的叶柄开始烂,这时可将叶柄上的膜挑破放风,以免影响接芽。

3. 松绑

接活以后,生长迅速,到 2~3 个月,要将接口处的捆绑绳松绑一次,否则,会形成"蜂腰",影响接口的加粗生长,4~5 个月后可将绑绳全部去掉。随着枝叶粗大,在接口未长牢以前,遇大风易被吹折,因此在有大风的地区还要绑缚支棍。

4. 定枝、摘心

高接后 2 年内,高接枝(芽)生长旺盛,应及时注意调整和摘心,定枝的目的在于合理利用水分养分,促进树体向有序方向发展,达到早整形快成形。同时根据新枝的位置和生长的方向,选留主枝培养,多余的枝疏掉。留下的枝长到 60~70 cm 时全部进行摘心,促进二次分枝,使树冠舒展丰满,同时为第二年的整形修剪打下良好的基础。

5. 疏花疏果及增施肥料

早实核桃高接后,2~3年内要采取疏花疏果措施,尽量不要结果或少结果。目的是集中营养维持根系有足够的养分积累,促进地上部树冠及早恢复,使地上下部趋于平衡。

改接后的核桃树由于长势旺、产量提高较快,树体需要很好的补充营养,要注意增施肥料,有条件的地区要在施肥后灌水,以保证丰产和稳产。

6. 防治病虫害

嫁接后新萌发的幼芽和新梢易受金龟子和木、尺蠖的危害,要及时检查,及时喷药和人工捕捉。

第十章　主要病虫害的无公害防治

近几年来,核桃坚果的品质好坏在国际市场上越来越受到消费者的重视,竞争越来越激烈。而我国目前的核桃出口量却面临逐年下滑的局面。分析原因,除我国核桃品种杂乱、实生核桃居多之外,还因我国粗放的核桃栽培管理方式造成了病虫害发生严重,致使大量的瘪粒、病粒和虫粒产生,优劣混杂,优少劣多,严重地影响了核桃的产量和品质,使得我国核桃的产业化生产和发展受到极大的挫伤。因此,核桃的病虫害防治工作越来越受到人们的关注。

危害核桃的病虫害种类较多,我国核桃目前虫害有120余种,病害有30多种。主要受害部位与器官有叶部病虫害、枝干病虫害、果实病虫害与根部病虫害等四类。各核桃产区生态条件不同,因此病虫害的种类、分布和危害程度也各不相同。有的产区仅以某一种病虫害发生严重;有的产区果实、枝干、叶部、根部的病虫害均严重;有的产区主要是虫害;有的产区虫害、病害同时危害或交替发生危害,这些病虫害对核桃树的生长发育、果实产量和品质均造成不同程度的影响。

随着国际市场上"绿色食品"、"有机食品"和我国"无公害食品"的提出,对我国核桃生产提出了更高的要求。无公害果品是无污染的安全、优质、营养的绿色食品,果树的生长环境、生产过程要求未被有害物质污染。优质高档无公害核桃的生产应从果树——病虫草等整个生态系统出发,综合运用各种防治措施创造不利于害虫、草害发生,而有利于各种天敌繁衍的生态环境,在使用农药时尽量不用、少用化学农药或用低毒、低残留量的化学农药进行防治。

一、生产无公害果品的植物保护措施

核桃病虫害的无公害防治,应全面贯彻"预防为主,综合防治"的防治方针,以改善果园生态环境条件和加强栽培管理为基础,提高树体抗病虫的能力,优先选用农业和生态调控等措施。注意保护利用果园各类天敌,充分发挥天敌的自然控制作用。无公害果品生产园的植物保护措施,多采用农业技术措施和人工、物理方法防治,相互配合取长补短。首先选用高效生物制剂进行生物防治,如果必须使用化学农药时,应使用低毒化学农药,并注意轮换用药,改进施药技术,最大限度地降低农药用量,有限地使用中毒农药,严禁使用高毒、高残留农药和致癌、致畸、致突变农药,来减少污染和残留,保证果品质量符合国家安全生产标准。

二、主要病害及其防治

核桃病害种类较多,据记载我国有30多种,其中炭疽病、腐烂病、黑斑病、枝枯病危害较重,分布较广。按对树体的侵染性质病害可分为传染性病害和非侵染性病害两类。非侵染性病害发生的原因有多种,主要是土壤和气候不适,如土壤营养条件不好、水分失调、温度过高过低、光照过弱过强,以及有毒物质的毒害等均能引起病害发生。侵染性病害大多是由真菌侵害所致,约有30多种,细菌、寄生植物、线虫、螨类的侵染均可导致核桃病害发生。核桃主要病害及其防治措施如下:

1. 核桃炭疽病

该病是由真菌侵染引起的病害,主要危害核桃的果实,也危害核桃叶、芽和嫩梢部位。感病后易引起早期落果或果仁干瘪,果实的感病率在20%～40%,严重时可达90%以上,导致丰产不丰收。在华北、华东核桃产区发生较重,在新疆核桃上主要危害果实。该病除危害核桃树外,还危害苹果、梨、葡萄、李、樱桃、山楂和柿等果树。

(1)主要危害状　主要危害核桃果实。果实受害初期,青皮表面上产生黑色或黑褐色,圆形或近圆形的病斑,后期病斑扩大至皮内,中央凹陷并散生或呈同心轮纹状排列的许多黑色小点。天气潮湿时,病斑上会出现粉红色的病菌分生孢子盘和分生孢子。被侵染的病果上可产生1～10个不等的病斑,病斑扩大或数个病斑融合导致全果发黑腐烂或果仁干瘪(图10-1)。

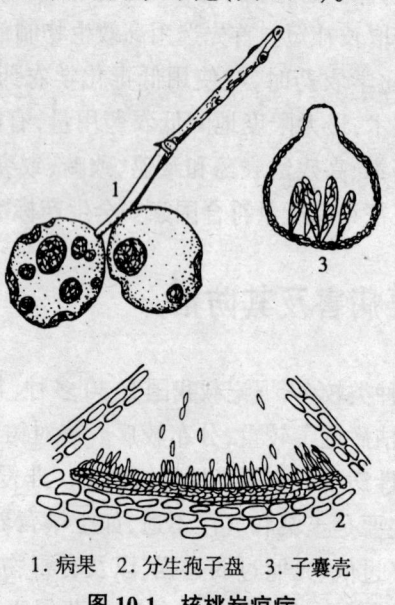

1.病果　2.分生孢子盘　3.子囊壳
图10-1　核桃炭疽病

核桃叶片的感病率较低,病斑呈不规则的黄色或黄褐色长条状,天气潮湿时,病斑上也出现粉红色的分生孢子,发病严重时引起整个叶片枯黄。

(2)侵染循环

①侵染特点：病菌以菌丝和分生孢子在病果、病芽、病叶中越冬。翌春天气转暖后产生的大量病菌分生孢子借风雨、昆虫等传播危害，从伤口或直接穿透表皮侵入，发病后产生的分生孢子团可以发生多次侵染。

②发生条件：高温高湿有利于该病的发生和传播，雨水早且多，湿度大的年份或地区，发病会早且重。平地或地下水位高的河滩地，植株密度过大，树冠郁闭，通风透光不良，均易感染此病。举肢蛾发生较多的核桃园，易引发此病。

③侵染和发病时间：6月下旬或7月中下旬开始侵染果实或叶片，潜育期4～9天后开始发病。

(3)防治方法

①选栽丰产优质抗病品种：新疆核桃品种较易感病，晚熟品种较早熟品种抗病；

②加强树体管理：改良土壤，加强中耕除草，增施有机肥，保持树体健壮。合理修剪，调节树势，栽植新疆核桃品种时，注意适当扩大株行距，使园内和树冠内通风透光好，减轻发病。

③及时清理果园：6～7月间，及时摘除病果；采果后，结合修剪及时清除病果、病叶和病枝，集中烧毁，消灭越冬病原，减少来年病菌感染。

④提前预防：发芽前，喷3～5波美度石硫合剂。发病前的6月中下旬～7月上中旬，喷1:1:200（硫酸铜：石灰：水）的波尔多液，或50%退菌特可湿性粉剂600～800倍液2～3次。

⑤发病期：发病期喷50%多菌灵可湿性粉剂100倍液，2%农抗120水剂200倍液，75%百菌清600倍液或50%托布津800～1000倍液，每半月一次，喷2～3次，如能加黏着剂（0.03%皮胶等）效果会更好。

2. 核桃细菌性黑斑病

该病是由细菌侵染引起的病害，发生范围广泛。主要危害核桃的果实,也危害核桃叶片、嫩梢和枝条。感病后引起果实变黑、早落、核仁腐烂或核仁干瘪,果实感病率在 10%～40%。在核桃各产区均有发生。还危害叶片和嫩梢,受害率达 70%～100%。

(1)主要危害状　主要危害核桃果实。果实受害时,受害的绿色幼果初期青皮上产生褐色油浸状小斑点,无明显边缘,后期扩大成圆形或不规则形,严重时病斑凹陷,深入内果皮,在雨天,病斑周围有水浸状晕圈,此病导致全果变黑腐烂,果仁干瘪,早落。

叶片感病初期,叶片上的病斑较小,黑褐色,近圆形或多角形,外缘呈半透明油浸状晕圈,后期,病斑中央呈灰色或穿孔;严重时,数个病斑融合,整个叶片发黑,枯焦。叶柄、嫩梢和枝条上的病斑,呈黑色长梭形或不规则形,下陷。严重时,可引起整个枝条枯死(图 10-2)。

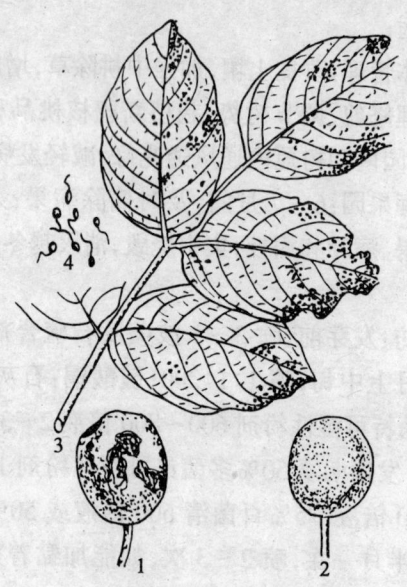

1、2. 病果　3. 病叶　4. 病原菌

图 10-2　核桃细菌性黑斑病

(2) 侵染循环

①侵染特点：病原细菌在残留病果、病叶、病枝或病苗顶梢病组织内越冬。第二年春借风、雨水、昆虫等传播到果实或叶片上，经伤口或气孔侵入树体。花期也可侵染花粉后随花粉传播病菌。举肢蛾危害严重的核桃园或产区，此病易大量发生。

②发生条件：空气湿度大时，有利于该病发生，雨后病害迅速蔓延；当核桃园密度较大，树冠郁闭，通风透光不良时，有利于病菌侵染。

③侵染和发病时间：核桃展叶期和花期易感此病，5月中下旬开始侵染果实、枝条、叶片和幼嫩组织。潜育期10~15天。

(3) 防治方法

①选栽丰产优质抗病品种：选栽抗病性好的优良核桃品种，是防治细菌性黑斑病的重要环节。核桃楸较抗黑斑病，以此做砧木嫁接的核桃抗病性也较好。

②加强树体管理：重视深翻改土，加强中耕除草，采用科学配方施肥，使树体保持营养平衡，可以减轻发病率。合理修剪，调节树势，对密植园，注意加强管理，使园内和树冠内通风透光好，减轻发病率。

③及时清理果园：采收后，及时清除残留病果、病枝和病叶，集中销毁，减少来年病菌侵染。

④喷药预防：5月中下旬开始，每20~30天一次喷1:1:200（硫酸铜:石灰:水）的波尔多液，连续2~3次；或70%甲基托布津可湿性粉剂1 000~1 500倍液，防治效果均佳。

3. 核桃溃疡病

该病是一种真菌性的病害，主要危害幼树主干，嫩枝和果实，一般植株被害率在20%~40%，严重时可达70%~100%。可引起植株生长衰弱、枯枝甚至死亡，果实感病后，引起果实干缩、变黑腐烂，进而早落，降低品质影响产量。在国内的南北核桃产区均有发生。

(1) 主要危害状　在树干及主测枝的基部易发生此病,发病初期为直径在 0.1~2 cm 的褐色或黑色近圆形病斑。有的扩展成梭形或长条状病斑。

幼嫩的枝干感病时,病斑呈水渍状或形成明显的水泡,水泡破裂后流出褐色黏液从而形成圆形病斑,之后病斑呈黑褐色,发病后期病斑干缩下陷,中央裂开,病部处散生许多小黑点,严重时,病斑扩展或数个相连,形成梭形或长条形病斑。若病部不断扩大,环绕枝干一周时,会形成枯梢、枯枝或整株死亡。

成龄树或较老化的树枝干上感病后,病斑呈水渍状,中心黑褐色,四周浅褐色,但无明显的边缘,病皮下的韧皮部和内皮层组织腐烂,呈褐色或黑褐色,有时深达木质部,可引起树势衰弱或整株死亡。

果实受害初期,果面上形成大小不等的褐色至黑褐色的圆形病斑,可引起早期落果,干缩或变黑腐烂,果面产生许多突起的褐色至黑色粒状物(图 10-3)。

(2) 侵染循环

①侵染特点:病菌在病斑组织内越冬。来年春季气温回升、雨量适宜时,病菌形成分生孢子并借雨水传播,从枝干的皮孔或受伤部位侵入,形成新的溃疡病斑。新病斑又可形成分生孢子,并借雨水再次传播进行多次再侵染。

②侵染条件:早春低温干旱、风大,幼嫩枝梢失水较多,生长衰弱的植株,易发生此病。另外植株受到冻害、日灼时易引发此病。

③侵染和发病时间:2~3 月低温干旱、风大时侵入树体,4 月上中旬病害逐渐发生,5~6 月为发病高峰,7~8 月病害基本停止,9~10 月,病害略有发展,11 月停止扩展。潜育期 1~2 个月。

(3) 防治方法

①选栽抗病品种:新疆核桃品种较抗此病。

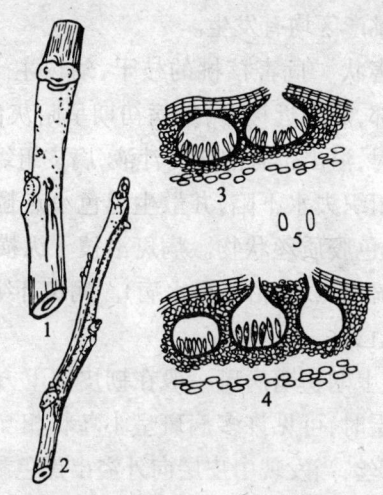

1、2. 症状　3. 分生孢子器　4. 子囊壳　5. 子囊孢子
图 10-3　核桃溃疡病

②加强树体管理：结合深翻改土，多施有机肥，间作绿肥作物；尤其要加强土壤水分管理，除注意及时灌水外，可利用高吸水性树脂施于田间植株周围，能明显提高土壤保水性，并增加树皮含水量，以减少发病率。

③冬季清园：结合冬季修剪，清除园内病叶、枯枝，带出园外烧毁，减少越冬病原。

④树干涂白：冬夏对树干涂白，防止日灼和冻害。涂白剂为：生石灰 5 kg，食盐 2 kg，油 0.1 kg，豆面 0.1 kg，水 20 kg。

⑤刮治病斑：用刀刮除病部达木质部，或将病斑纵横划几道口子，然后涂刷 3 波美度石硫合剂，或 1% 硫酸铜液，或 10% 碱水或 1∶3∶15 的波尔多液，均有一定的防治效果。

4. 核桃腐烂病

又称烂皮病，黑水病，是一种真菌危害的病。主要危害核桃枝干的树皮，严重时造成枝枯、结果能力下降，或整株死亡。植株发病率 50% 左右，严重的可达 90% 以上。在新疆、甘肃、河南、山东、四川、安徽等核桃产区均有发生。

(1) 主要危害状　危害核桃的枝干,幼树主干和骨干枝感病时,多深入木质部,病斑近梭形,发病初期呈暗灰色,水渍状,稍隆起,用手指按压时,溢出带有泡沫的汁液,腐皮组织逐渐变褐色,有酒糟味,后期病组织失水下陷,并散生黑色小点粒。天气潮湿时,小黑点涌出橘红色胶质丝状物。病斑沿枝干纵横进行扩展,后期皮层纵向开裂,流出黑水(俗称黑水病)。病斑环绕枝干一周时,导致枝干或整株死亡。

老龄树主干上的初期病斑一般在韧皮部下方隐藏发展,不易发现,当刮开皮层时,可见许多病斑呈小岛状相互串联,周围集聚者大量的白色菌丝;当发现由皮层向外溢出黑色黏稠物时,病斑已经发展较大。后期从树皮裂缝处流出黏稠的黑水。

枝条感病后常出现枯枝状,主要发生在营养枝、徒长枝和2~3年生的大枝上,而且遭受冻害的枝条上易发生此病,表现为枝条失绿,皮层与木质部剥离,皮下密生许多黑色小点粒,使整个枝条干枯。在有修剪伤口的枝条上发病时,多从剪口开始感染,有明显的褐色病斑,沿枝梢向下蔓延,环绕枝干一周时,引起整个枝条枯死(图10-4)。

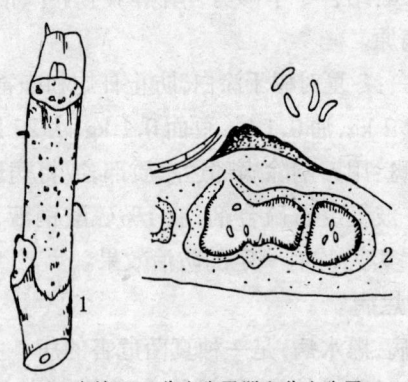

1. 病枝　2. 分生孢子器和分生孢子

图10-4　核桃腐烂病

(2)侵染循环

①侵染特点:该病菌在枝干上的病组织内越冬。来年春天分生孢子借风、雨、昆虫传播。病原菌可从冻伤、日灼伤、机械伤、修剪口和嫁接口等伤口处侵入树体,引起病害发生。

②侵染条件:成年树在结果盛期易发病,在土壤瘠薄黏重,排水不畅,地下水位高,有盐碱的核桃地块易发生此病。形成大量徒长枝和营养枝的植株,易受冻伤或干旱失水,可引发此病。肥水不足,尤其因冻寒害、盐碱害及不合理的整形修剪造成树势衰弱时,发病严重。

③侵染时间:生长季节病菌可发生多次侵染,因此从早春至树体越冬前均是该病发生期。春秋二季发病最多,4~5月为主要发病期。

(3)防治方法

①加强树体管理:是防治腐烂病的基本措施,改良土壤,促进根系发育,合理间作,增施有机肥,适时追肥,合理修剪,调节树势,提高树体营养水平,增强树体抗寒抗冻抗病能力。

②烧毁病枝:及时收集园内病枝病皮,在园外烧毁,减少病菌来源。

③树干涂白:对新定植的幼树,更应注意冬夏进行树干涂白,防止冻害和日灼发生,减少病菌侵入通道。

④刮老皮和病斑:春季,彻底刮除病斑,以微露新皮为准,刮除范围应比变色坏死组织宽 0.5 cm 左右,刮口要光滑平整。刮后伤口涂上 5~10 波度石硫合剂或 1% 硫酸铜液消毒保护,或 50% 甲基托布津可湿性粉剂 100 倍液。

⑤化学药剂防治:以 50% 甲基托布津 50~100 倍液给幼树刷干,嫁接伤口刷 200~300 倍液,修剪伤口刷 100~500 倍液,愈合伤口刷 50~100 倍液。

5. 核桃枝枯病

该病由真菌侵染引起,主要危害核桃枝干,造成枝干枯死。植株感病率一般可达20%上下,重的达90%。严重影响核桃产量,并且引起树冠逐年缩小,影响材积增长。此病也危害野核桃、核桃楸和枫杨。

在辽宁、河南、河北、山东、陕西、甘肃、四川和江苏等地均有发生。

(1)主要危害状　病菌多从1~2年生的枝梢或侧枝上侵染树体,侵染发病后,再从顶端逐渐向下蔓延到主干。受害枝的叶片变黄脱落。感病初期病部皮层失绿呈灰褐色,后变为浅红褐色或深灰色,病部稍下陷,干燥时开裂时开裂下陷露出木质部,当病斑扩展绕枝干一周时,出现枯枝以至全株死亡。在病死的枝干上,产生密集黑色小点粒,即病菌的分生孢子盘。当空气湿度大时,大量分生孢子和黏液从盘中涌出,在盘口形成黑色小瘤状突起(图10-5)。

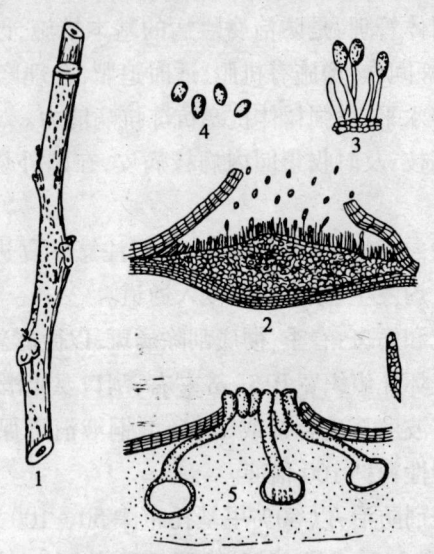

1.病枝　2~4.分生孢子盘及分生孢子　5~6.子囊壳和子囊孢子

图10-5　核桃枝枯病

(2) 侵染循环

①侵染特点：该病菌在枝干的病斑内越冬，来年分生孢子借风、雨水、昆虫传播，孢子萌发后从各种伤口或枯枝处侵入皮层，逐渐蔓延。

②侵染条件：空气湿度大或雨水多时，遭受冻害或春旱、长势弱或伤害重的树易发病；栽植密度过大，通风透光不良时，发病较重。

③侵染时间：春季3～4月初次侵染，5～6月开始发病，初期病斑不明显，随病斑的不断扩大，皮层枯死开裂，病部表面分生孢子盘不断散放出分生孢子，可以进行多次侵染，7～8月为发病盛期。

(3) 防治方法

①选栽抗病品种：新建核桃园，要选择适合当地生态条件的良种和栽植密度，减少感病率。

②加强树体管理：山地核桃园应搞好水土保持工作，改良土壤，深翻扩穴，同时增施以有机肥为主的基肥，合理适量追施化肥，增强树势，提高抗病能力。

③树干涂白：冬季将树干涂白，进行防冻、防虫和防病。涂白剂配方为：生石灰 12.5 kg，食盐 1.5 kg，植物油 0.25 kg，硫磺粉 0.5 kg，水 50 kg。

④及时清园：可结合修剪及时剪除病枯枝，并将其带出园外及时销烧毁，减少病菌初次侵染源，剪锯口用波尔多液涂抹。

⑤病部涂治：在发病的枝干病部处用2%的五氯酚蒽油胶泥涂抹。

6. 核桃白粉病

该病是由真菌引起的病害，主要危害核桃的叶、幼芽及新梢。在干旱的年份或季节，核桃感病率可高达100%，可造成早期落叶，树势衰弱，影响产量。在我国核桃产区分布广泛。

(1)主要危害状 受害叶片的正反面出现明显的片状薄层白粉,即病菌的菌丝、分生孢子梗和分生孢子。秋后,在白粉层中出现褐色至黑色小颗粒。发病初期,核桃叶面有退绿的黄色斑块,严重时,嫩叶停止生长,叶片变形扭曲、皱缩,嫩芽不能展开,影响树体正常生长。幼苗受害后,造成植株矮小,顶端枯死,甚至全株死亡(图10-6)。

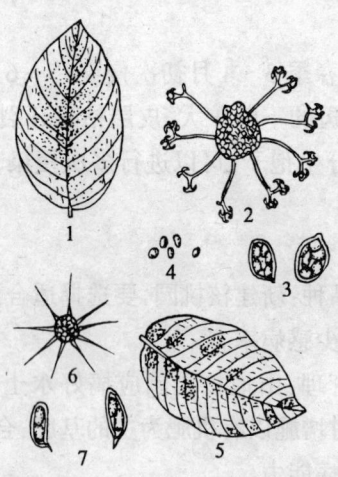

1. 病叶正面 2. 孢子囊壳 3、4. 子囊和子囊孢子
5. 病叶背面 6、7. 子囊壳和子囊 （1、2、3、4为核桃叉丝壳引起的症状；5、6、7为核桃球针壳引起的症状）

图10-6 核桃白粉病

(2)侵染循环

①侵染特点:病菌在落叶或病梢上越冬,次年春季气温回升,遇雨水散出孢子,借气流等传播进行初次侵染,侵害嫩叶、幼嫩芽和梢。发病后的病斑以分生孢子多次进行再侵染。秋季病叶上又产生黑色的颗粒。

②侵染条件:温暖而干燥的气候有利于此病的蔓延。在氮肥多,钾肥少及枝条生长不充实的土壤条件下易发病。

③侵染时间:次年春季进行初次侵染,7~8月开始发病,病部以分生孢子进行多次再侵染。

(3)防治方法

①及时清园:清除病落叶,以减少初次侵染来源。

②加强树体管理:科学施肥,注意氮肥、磷肥、钾肥的比例施用,防止枝条徒长,增强树体抗病能力。

③药物防治:在发病初期7~8月份喷布0.2~0.3度波美石硫合剂或50%甲基托布津可湿性粉剂1 000倍液、2%农抗120水剂200倍液、25%粉锈宁500~800倍液(效果最佳)。

7. 核桃褐斑病

该病由真菌引起,主要危害叶片、嫩梢和果实,引起早期落叶、枯梢、影响树势和产量。在我国河北、河南、陕西、山东、吉林、四川等地有不同程度的发生。

(1)主要危害状　叶片感病初期出现小褐斑,扩大后呈近圆形或不规则形,直径约0.3~0.7 cm,中间灰褐色,边缘不明显,呈暗黄绿色至紫色。病斑上略呈同心轮纹状排列的黑褐色小点,即分生孢子盘与分生孢子。病斑进一步扩大联合形成大片枯斑,严重时引起早期落叶。嫩梢上病斑呈长椭圆形或不规则形,黑褐色,稍凹陷,边缘褐色,中间有纵向裂纹,后期病斑上散生小黑点,即分生孢子盘与分生孢子,严重时造成枯梢。果实病斑较叶片上小,凹陷,扩展或连片后,果实变黑腐烂。苗木受害后可造成大量枯梢(图10-7)。

(2)侵染循环

①侵染特点:病菌在落叶或感病枝条的病残组织内越冬,来年春天分生孢子借风雨进行传播。

②侵染条件:高温高湿有利于此病菌繁殖蔓延,雨水多的年份发病重,雨后高温高湿情况下发展迅速。

③侵染时间:陕西地区5月中旬~6月上旬开始发病,7~8月

份为发病高峰。

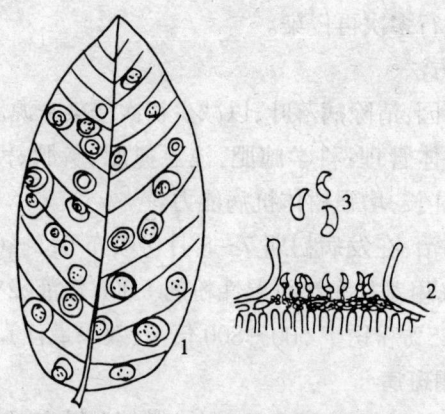

1. 病叶　2. 分生孢子盘　3. 分生孢子

图 10-7　核桃褐斑病

(3)防治方法

①适时清园:采果后结合树体修剪彻底清园,清除病害枝梢、病叶、病果集中烧毁或深埋,以减少初次侵染源。

②药物防治:6月中旬和7月,各喷一次200倍石灰倍量式波尔多液或50%甲基托布津800倍液或40%杜邦福星乳油8 000～10 000倍液。

8. 苗木菌核性根腐病

又叫白绢病,该病属真菌性病害,多危害一年生核桃幼苗,造成苗木主根和侧根皮层腐烂,地上部枯死、落叶,乃至全树死亡。在全国各地均有发生。往往给育苗工作带来严重的损失。

(1)主要危害状　高温高湿时,苗木根茎基部和周围的土壤及落叶表面有白色绢丝状的菌丝体产生,随后在菌丝体上长出油菜籽状的小菌核,初为白色,后转为茶褐色。

(2)侵染循环

①侵染特点:病菌的菌丝或菌核在病株残体和土壤中越冬,温

湿度等条件适合时,菌核萌发产生菌丝体,在土壤中蔓延,借雨水、流水传播。

②侵染条件:高温高湿,排水不良有利于此病蔓延。在土壤黏重、酸性土或前作为蔬菜、粮食、油菜等地上育苗时,易感此病。

③侵染时间:一般5月下旬开始发病,6~8月为发病高峰期,9~10月份基本停止。

(3)防治方法

①加强检疫:对苗木加强检疫,以防栽植带菌苗木,在新植幼树传播危害。

②选好圃地:避免病圃连作,选排水好、地下水位低的圃地。在多雨区采取高床育苗。施足有机肥和钾肥。加强苗木管理,适当提早播种,提高苗木木质化程度以增强抗病性。

③播种前的处理:种子处理,播种前用30%菲醌粉剂0.2%~0.3%或50多菌灵粉剂0.3%拌种消毒。土壤处理,翻耕播种前,如果是酸性土壤,应撒适量石灰或草木灰,将酸碱度调至中性或微碱性,减少病害发生。病苗及附近病土挖出后,用1%的硫酸铜液或甲基托布津500~1 000倍液浇灌病树根部,再用消石灰撒入苗茎基部及根际土壤,或用代森铵水剂1 000倍液浇灌土壤,对病害有一定的抑制作用。

④晾根或客沙换土:在早春或秋季时,扒开苗木根颈处病土,使根暴露且通风透光,随后换入新土,每年换一次,2年见效。

三、主要害虫及其防治

1. 核桃云斑天牛

又名铁炮虫、核桃大天牛、白条虫、钻木虫等,主要危害核桃枝干,是对核桃树具有毁灭性的一种害虫。在河北、河南、北京、山西、陕西、甘肃、四川等地广泛分布。

(1) 主要危害状　幼虫蛀食核桃树干木质部,造成树势衰弱,果品质量下降,严重时树干被蛀空引起整株死亡;成虫啃食新枝嫩皮,致使枝条枯死。核桃产区被害率可达30%~85%。

(2) 形态特征

①成虫:体长32~65 mm,黑褐色,密披灰色绒毛,前胸背板有一对肾形白斑,两侧刺突稍向后弯,小盾片白色,鞘翅基部密布黑色瘤状颗粒,前大后小,肩刺上翘,鞘翅上有二三行排列不规则的白斑,呈云片状。从复眼至腹端,两侧各有一白色条纹。

②卵:黄白色,弯曲略扁,卵壳坚韧光滑。长椭圆形,长8~9 mm。

③幼虫:体长74~100 mm,黄白色,头扁平,半缩于胸部,前胸背板橙黄色,密布黑色点刻,两侧白色,其上橙黄色半月牙形斑块。前胸腹面排列有不规则的橙黄色斑块4个,后胸及腹部第1~7节背面,由小刺突组成的骨化区呈扁"回"字形,腹面第1~7节骨化区呈"口"字形。

④蛹:长40~70 mm,乳白色至淡黄色,触角卷曲于腹部(图10-8)。

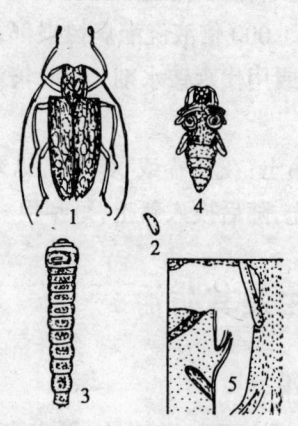

1.成虫　2.卵　3.幼虫　4.蛹　5.为害状

图10-8　核桃云斑天牛

(3)生活习性　该虫1年1代或2~3年发生1代,因地域不同而不同。以幼虫或成虫越冬,越冬幼虫来年4月中下旬开始活动,幼虫老熟便在隧道的一端化蛹,蛹期约1个月。核桃雌花开放时咬成1~1.5 cm大的圆形羽化口而出,5月为成虫羽化盛期。成虫羽化后在虫口附近停留一会儿,然后上树取食枝皮及叶片,补充营养。白天喜栖息在树干及大枝上,有受惊落地的假死性,多夜间活动,能多次交尾。5月成虫开始产卵,产卵前将树皮啃成一指头大圆形或半月牙形破口刻槽,然后产卵其中。通常每槽内产卵1粒,雌虫产卵约40粒。一般产在离地面2 m以下、胸径10~20 cm的树干上,也有在粗皮上产卵的。6月中下旬为产卵盛期,成虫寿命约9个月,卵期10~15天,然后孵化出幼虫。初孵幼虫在皮层内危害,被害处变黑,树皮逐渐胀裂,流出褐色树液。20~30天后幼虫逐渐蛀入木质部,不断向上取食,随虫龄增大,危害加剧,虫道弯曲,长达25 cm左右,不断向外排出木丝虫粪,堆积在树干附近,第1年幼虫在蛀道内越冬,来年春季继续危害,幼虫期长12~14个月,第2年8月老熟幼虫在虫道顶端做椭圆形蛹室化蛹,9月中下旬成虫羽化,留在蛹室内越冬。第3年核桃树发枝时,成虫从羽化孔爬出上树危害。

(4)防治方法

①人工捕杀:5~6月是成虫发生期,白天经常观察树叶、嫩枝,发现有小嫩枝被咬破且呈新鲜状时,利用成虫假死性进行人工振落或直接捕捉杀死。晚上利用成虫趋光性,用黑光灯引诱捕杀。成虫产卵后,经常检查,发现有产卵破口刻槽,用锤敲击,可消灭虫卵和初孵幼虫。当幼虫蛀入树干后,可以虫粪为标志,用尖端弯成小钩的细铁丝,从虫孔插入,钩杀幼虫。

②杀卵:该虫在树干上产卵部位较低,产卵痕明显,用锤敲击可杀死卵和小幼虫。

③化学防治:清除虫孔粪屑,注入50%敌敌畏乳油100倍液,

用湿泥封口,以杀死树干内的幼虫;或用绵球蘸50%杀螟松乳剂40倍液,塞入虫孔,熏杀幼虫。

④保护天敌:招引和保护啄木鸟。

2. 核桃举肢蛾

又称核桃黑。在太行山、燕山、秦巴山及伏牛山区发生较为普遍,华北、西北、西南、中南等核桃产区均有发生,在土壤潮湿、杂草丛生的荒山沟洼处严重发生。主要危害核桃的果实,果实受害率达70%~80%,甚至高达100%,是降低核桃产量和品质的主要害虫。

(1)主要危害状　幼虫在青果皮内蛀食多条隧道,并充满虫粪,被害处青皮发黑,被害后的30天内可在果中剥出幼虫,有时1个果内有十几条幼虫。早期被危害的坚果种仁干缩、早落;晚期被危害的坚果种仁瘦瘪变黑,致使核桃产量严重受损。

(2)形态特征

①成虫:小型黑色蛾子,翅展13~15 mm。翅狭长,翅缘毛长于翅宽。前端1/3处有椭圆形白斑,2/3处有月牙形或近三角形白斑。后足特长,休息时向上举。腹背每节都有黑白相间的鳞毛。

②卵:初产时呈乳白色,孵化前为红褐色。圆形,长约0.4 mm。

③幼虫:头褐色,体淡黄色,老熟时体长7~9 mm,每节都有白色刚毛。

④蛹:黄褐色,蛹外有褐色茧,常黏附草末及细土粒,纺锤形,长4~7 mm(图10-9)。

(3)生活习性　其发生与环境条件有密切关系,高海拔地区每年发生1代,低海拔地区每年2代。在山东、河北、山西1年发生1代,河南、陕西1年发生1~2代。以老熟幼虫在树冠下1~2 cm深的土中越冬。翌年5月中旬至6月中旬化蛹,6月上旬至7月上旬成虫发生,幼虫一般在6月中旬开始危害,7月危害最严重。成虫一处产卵3~4粒,4~5天孵化,幼虫蛀果后有汁液流出,呈水珠状。1个果内有5~7条幼虫,最多达30余条。幼虫在果内危害30~45天,老熟后从果中脱出,落地入土结茧越冬。该虫在多雨的年份比干旱的年份危害严重,荒坡地比间作地危害严重,深山的沟顶及阴坡比沟口开阔地危害严重。

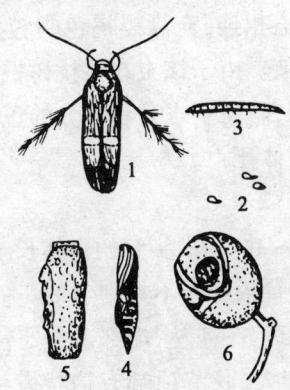

1. 成虫 2. 卵 3. 若虫 4. 蛹 5. 土茧 6. 为害状
图10-9 核桃举肢蛾

(4) 防治方法

①消灭虫源:冬季封冻前,清除树冠园内的枯枝落叶和杂草,刮掉树干上的老皮,进行集中烧毁。深翻树下土壤,减少幼虫越冬。及时剪除受害的幼果进行深埋,减少翌年的虫口密度。

②生物防治:释放松毛虫赤眼蜂,在6月每亩释放赤眼蜂30万头,可控制举肢蛾的危害。

③化学防治:幼虫孵化期是药剂防治的重点,主要药剂有25%灭幼脲3号胶悬剂,50%敌百虫乳油1 000倍液,48%乐斯本乳油2 000倍液,1.8%阿维菌素乳油500倍液喷雾,或间隔喷1次50%杀螟松乳剂1 000~1 500倍液。在成虫进行羽化前,每株树冠下撒25%西维因粉0.1~0.2 kg。

3. 核桃横沟象

又名根象甲。在四川绵阳、平武、甘肃陇西,云南漾濞,陕西商洛地区,河南西部等地均有发生。在坡底沟洼和村旁土质肥沃的地方和生长旺盛的核桃树上危害较重。

(1)主要危害状　幼虫刚开始危害时,根颈皮层不开裂,开裂后虫粪和树液流出,根颈部有大豆粒大小的成虫羽化孔。受害严重时,皮层内多数虫道相连,充满黑褐色粪粒及木屑,被害树皮层纵裂,并流出褐色汁液。由于该虫在核桃树根颈部皮层中串食,破坏了树体的输导组织,阻碍了水分和养分的正常运输,致使树势衰弱,核桃减产,甚至树体死亡。

(2)形态特征

①成虫:体长12~16 mm,头管约占体长1/3,全体黑色,前端着生膝状触角。前胸背板密布不规则点刻。鞘翅基部2/5前缘各横列着生棕黄色绒毛斑3~4丛,端部1/4处各着生棕黄色绒毛斑6~7丛。腿节端部膨大,胫节顶端有钩状齿,跗节底面有黄褐色绒毛,顶端有1对爪。

②卵:初产乳白色,孵化前黄褐色,长1.4~2 mm,椭圆形。

③幼虫:头部棕褐色,口器黑褐色,长15~20 mm,黄白色,肥壮,向腹面弯曲。

④蛹:裸蛹,长14~17 mm,黄白色,末端有2根黑褐色臀刺(图10-10)。

(3)生活习性　在陕西、河南、四川地区2年发生1代。幼虫危害期长,每年3~11月均能蛀食,12月至翌年2月为越冬期。90%的幼虫集中在表土下5~20 cm,侧根距主干140~200 cm处也有危害。蛹期平均17天左右,以幼虫和成虫在根皮层内越冬,经越冬的老熟幼虫4~5月在虫道末端化蛹,到8月上旬结束。初羽化的成虫不食不动,在蛹室停留10~15天,然后爬出羽化孔,经34天左右取食树叶、根皮补充营养。5~10月为产卵期。

(4)防治方法

①根颈部涂石灰浆:成虫产卵前,将根颈部土壤扒开,然后涂

抹石灰浆后进行封土,阻止成虫在根颈上产卵,防治效果很好,可维持2～3年。

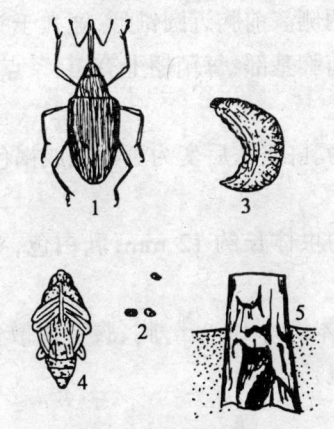

1. 成虫　2. 卵　3. 幼虫　4. 蛹　5. 为害状
图10-10　核桃横沟象

②刮根颈处粗皮:冬季挖开根颈泥土,刮去根颈粗皮,在根部灌入人粪尿,然后封土,杀虫效果可达70%～100%。

③化学防治:6～8月成虫发生期,结合防治举肢蛾,在树上喷50%三硫磷乳油,或50%杀螟松乳油1 000倍液进行防治。

④保护天敌:注意保护伯劳、白僵菌和寄生蝇等横沟象的天敌。

4. 长足象

又名核桃果象甲。在陕西秦岭山区和巴山山区及河南伏牛山区等地均有分布。在陕西商洛教地区,四川绵阳地区及城口县、万源市、汶川县等核桃产区发生普遍,危害严重。

(1)主要危害状　以成虫危害果实为主,亦食核桃幼芽、嫩枝。果实被危害时1果有多个食害孔,严重时1果有几十个食害孔,危害初期果皮干枯变黑,引起果仁发育不全,影响核桃品质和产量,后期成虫产卵于果内,造成大量落果,减产甚至绝收。

(2)形态特征

①成虫:墨黑色,体长约 10 mm,头部延长成管状。触角膝状,着生于头管的两侧。前胸近圆锥形,宽大于头长。鞘翅基部显著向前突出,盖住前胸基部,每鞘翅上有 10 条点刻沟。腿节膨大,各有 1 个齿状突起。

②卵:初产时为乳白色,后变为黄褐色或褐色,长椭圆形,长约 1.3 mm。

③幼虫:老熟幼虫体长约 12 mm,乳白色,头部黄褐色,弯曲呈镰刀状。

④蛹:黄褐色,体长约 13 mm,胸、腹背面散生许多小刺,腹末具 1 对臀刺(图 10-11)。

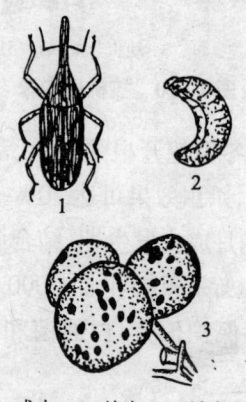

1. 成虫 2. 幼虫 3. 被害状

图 10-11 核桃果象甲

(3)生活习性 该虫 1 年发生 1 代。成虫有假死习性。以成虫在向阳处的杂草或表土内越冬。翌年 4 月上旬越冬成虫开始上树危害,6 月上旬为卵孵化期,6 月下旬为化蛹盛期,然后羽化,为食害顶芽盛期,11 月开始越冬。

(4)防治方法

①人工捕杀:利用成虫的假死性,在成虫盛期于清晨或傍晚摇

树振落捕杀。刮除根颈部粗皮,拣拾病虫落果或摘除被害果,与石灰混拌后深埋 10 cm 以下的土中。

②药物防治:在越冬成虫出现到幼虫孵化阶段,用每毫升含孢子量 2 亿个的白僵菌液,或 50% 辛硫磷乳剂,或 50% 杀螟松乳剂 1 000 倍液喷雾防治成虫,阻止幼虫孵化。或在成虫发生初期,特别是雨后在树冠下喷洒 50% 辛硫磷乳油,或 48% 乐斯本乳油 300~400 倍液处理地面。

5. 核桃小吉丁虫

又名串皮虫,是核桃树的主要害虫之一。在各产区危害均较严重。

(1) 主要危害状　主要危害核桃的枝条,幼虫蛀入 2~3 年生枝干皮层,或螺旋形串圈危害,故又称串皮虫。枝条受害后常表现枯梢,树冠变小,产量下降。幼树受害严重时,易形成小老树或整株死亡。严重地区被害株率达 90% 以上。

(2) 形态特征

①成虫:黑色,体长 4~7 mm,有铜绿色金属光泽,触角锯齿状,头、前胸背板及鞘翅上密布小刻点,鞘翅中部两侧向内凹陷。

②卵:初产乳白色,逐渐变为黑色,椭圆形、扁平,长约 1.1 mm。

③幼虫:体扁平,乳白色,长约 7~20 mm,头棕褐色,缩于第 1 胸节,胸部第 1 节扁平宽大,腹末有 1 对褐色尾刺。背中有 1 条褐色纵线。

④蛹:裸蛹,初产乳白色,羽化时为黑色,体长 6 mm(图 10-12)。

(3) 生活习性　该虫 1 年发生 1 代,以幼虫在 2~3 年生被害枝干中越冬。6 月上旬至 7 月下旬为成虫产卵期,7 月下旬至 8 月下旬为幼虫危害盛期。生长势较弱,枝叶少、透光好的树受害较严重,成虫寿命为 12~35 天。卵期约 10 天,幼虫孵化后蛀入皮层危害,随着虫龄的增长,逐渐深入到皮层和木质部间危害,直接破坏输导组织。被害枝条表现出不同程度的黄叶和落叶现象,这样的枝条不能完全越冬,第 2 年又为黄须球小蠹幼虫提供了良好的营养条件,从而加速了枝条的干枯。受害枝条中无害虫越冬,害虫越冬几乎全部在干枯枝条中。

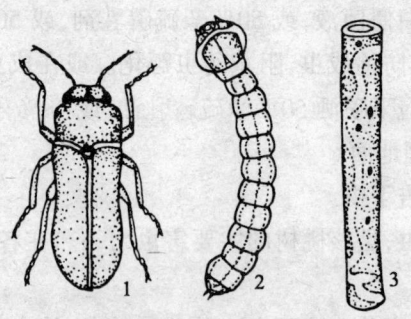

1.成虫 2.幼虫 3.被害状
图 10-12 核桃小吉丁虫

(4)防治方法

①消灭虫源:秋季采收后,剪除全部受害枝,集中烧毁,以消灭越冬虫源。注意多剪一段健康枝以防幼虫被遗漏。

②诱杀虫卵:成虫羽化产卵期,及时设立一些饵木,诱集成虫产卵,再及时烧掉。

③生物防治:核桃小吉丁虫有 2 种寄生蜂,自然寄生率为 16%～56%,释放寄生蜂可有效地降低越冬虫口数量。

④化学防治:从 5 月下旬开始,每隔 15 天用 90%晶体敌百虫 600 倍液或 48%乐斯本乳油 800～1 000 倍液喷洒主干。在成虫发生期,结合防治举肢蛾等害虫,在树上喷洒 80%敌敌畏乳油或 90%晶体敌百虫 800～1 000 倍液,或 25%西维因 600 倍液,来阻止成虫出洞。

6.黄须球小蠹

又名小蠹虫。广泛在陕西、河南、河北和四川等地分布。

(1)主要危害状 以成虫和幼虫食核桃枝梢和芽,虫道似"非"

字形,常与核桃举肢蛾、小吉丁虫同时危害,加速枝梢和芽的枯死,严重时枝梢顶芽全部被害,造成减产甚至绝收。生长在坡地或土层瘠薄、长势衰弱的树受害严重。树冠外缘枝、芽比内膛受害哟要严重。

(2)形态特征

①成虫:初羽化时为黄褐色,后变黑褐色,椭圆形,体长2.3~3 mm。触角膝状,端部膨大呈锤状。头胸交界处两侧各生一丛三角形黄色绒毛,头胸腹各节下面生有黄色短毛。前胸背板隆起,覆盖头部。鞘翅有8~10条由点刻组成的纵沟。

②卵:初产白色,后变黄褐色,椭圆形,体长约0.1 mm。

③幼虫:椭圆形,体长2.2~3 mm,乳白色,无足,尾部排泄孔附近有三个"品"字形突起。

④蛹:裸蛹,圆球形,羽化前黄褐色(图10-13)。

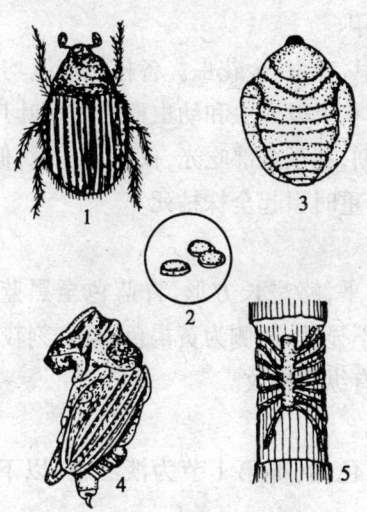

1.成虫 2.卵 3.幼虫 4.蛹 5.为害部位和害虫坑道

图 10-13 黄须球小蠹

(3)生活习性 该虫1年发生1代,以成虫在顶芽或侧芽基部的蛀孔内越冬,4月上旬开始活动,危害健康或半枯死枝条的芽基部。4月下旬雄成虫进入交配室交配,雌虫一边蛀食母坑道一边开始产卵于母坑道两侧,5月下旬产卵结束时,雄成虫离开坑道后死亡。7月上中旬为羽化盛期,1个成虫从羽化到越冬可食害顶芽3~5个。

(4)防治方法

①消灭虫源:秋季采收后至落叶前,结合修剪,剪除虫枝集中烧毁,消灭越冬虫卵。

②诱杀虫卵:核桃发芽后,在树上成束悬挂半干枝条,每树挂3~5束,诱集成虫在此产卵,成虫羽化前将枝条取下烧毁。

③化学防治:6~7月结合防治举肢蛾、刺蛾和瘤蛾,每隔10~15天喷1次25%西维因600倍液,或敌杀死5 000倍液,或50%杀螟松乳油1 000~1 500倍液。

7. 核桃扁叶甲

又名核桃叶甲、叶虫、金花虫。各核桃产区均有发生。

(1)主要危害状 以成虫和幼虫群集咬食叶片危害为主,将叶片食成网状或缺刻,甚至全部吃光,仅留其主脉,似火烧,引起树势衰弱造成减产,严重时引起全株枯死。

(2)形态特征

①成虫:体扁平,略呈长方形,青蓝色至黑蓝色,长约7 mm。前胸背板的点刻不显著,两侧为黄褐色,且点刻较粗。翅鞘点刻粗大,纵列于翅面,有纵行棱纹。

②卵:黄绿色。

③幼虫:体黑色,胸部第1节为淡红色,以下各节为淡黑色。老熟时长约10 mm。

④蛹:墨黑色,胸部有灰白纹,腹部第2~3节两侧为黄白色,背面中央为灰褐色(图10-14)。

(3)生活习性 该虫1年发生1代。以成虫在地面覆盖物中或树干基部粗皮缝内越冬。华北地区成虫5月初开始活动,云南等地4月上中旬上树取食叶片,并产卵于叶背面,幼虫孵化后群集叶背取食叶片,残留叶脉。5～6月为成虫与幼虫同时危害期。

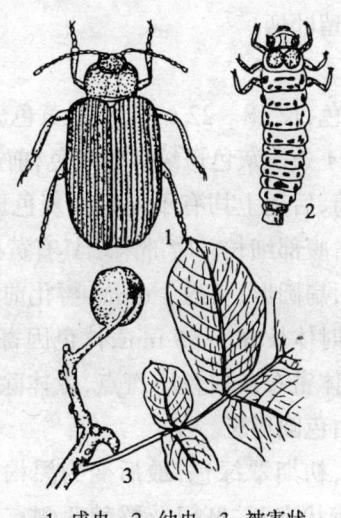

1.成虫 2.幼虫 3.被害状
图10-14 核桃叶甲

(4)防治方法

①消灭越冬虫源:在冬、春季时,刮除树干基部老翘皮带出园地进行集中烧毁,去除越冬成虫。

②黑光灯诱杀:利用成虫的趋光性,4～5月成虫上树时,用黑光灯诱杀成虫。

③化学防治:4～6月份,喷40%硫酸烟碱水剂800倍液、10%吡虫啉可湿性粉剂2 000倍液、40%乐果乳剂1 000倍液、25%亚胺硫磷乳剂600倍液或喷10%氯氰菊酯8 000倍液防治成虫和幼虫,防治效果良好。

8.木撩尺蠖

又名小大头虫、吊死鬼,是一种分布较广的杂食性害虫。

(1)主要危害状 幼虫对木橑、核桃树危害十分严重,严重发生时,幼虫在3~5天内即可把全树叶片吃光,致使核桃减产,树势衰弱。受害叶片出现斑点状透明痕迹或小空洞。幼虫长大后沿叶缘吃成缺刻,或只留叶柄。

(2)形态特征

①成虫:体白色,长18~22 mm,头金黄色。胸部背面具有棕黄色鳞毛,中央有1条浅灰色斑纹。翅白色,前翅基部有一个近圆形黄棕色斑纹。前、后翅上均有不规则浅灰色斑点。雌虫触角丝状,雄虫触角羽状,腹部细长。腹部末端具有黄棕色毛丛。

②卵:翠绿色,扁圆形,长约1 mm。孵化前为暗绿色。

③幼虫:老熟时体长60~85 mm,体色因寄主不同而有变化。头部密生小突起,体密布灰白色小斑点,虫体除首尾两节外,各节侧面均有一个灰白色圆形斑。

④蛹:纺锤形,初期翠绿色,最后变为黑褐色,体表布满小刻点。颅顶两侧有齿状突起,肛门及臀棘两侧有3块峰状突起(图10-15)。

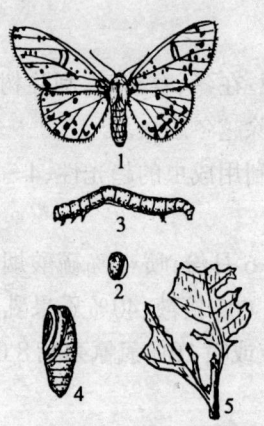

1.成虫 2.卵 3.幼虫 4.蛹 5.为害状

图10-15 木橑尺蠖

(3)生活习性　每年发生1代,以蛹在树干周围土中或阴湿的石缝里或梯田壁内越冬。翌年5～8月冬蛹羽化,7月中旬为羽化盛期。成虫出土后2～3天开始产卵,卵多产于寄生植物皮缝或石块上,幼虫发生期在7月至9月上旬。8月中旬至10月下旬老熟幼虫化蛹越冬。幼虫活泼,稍受惊动即吐丝下垂。成虫不活泼,喜晚间活动,有趋光性。

(4)防治方法

①灯光诱杀:于5～8月成虫羽化期,用黑光灯诱杀或堆火诱杀成虫。

②人工挖蛹:早秋或早春,结合整地、修台堰等,在树盘内人工挖蛹集中杀死。

③药物防治:幼虫孵化盛期,在树下喷下列任何一种药:25%西维因600倍液,敌杀死5 000倍液,50%杀螟松乳剂800倍液。

9.草履蚧

它又名草鞋蚧。在我国大部分地区都有分布。

(1)主要危害状　该虫吸食树液,致使树势衰弱,甚至枝条枯死,影响产量。被害枝干上有一层黑霉,受害越重黑霉越多。

(2)形态特征

①成虫:雌成虫无翅,体长10 mm,扁平椭圆,灰褐色,形似草鞋。雄成虫体长约6 mm,翅展11 mm左右,紫红色。触角黑色,丝状。

②卵:椭圆形,暗褐色。

③若虫:与雌虫相似。

④蛹:雄蛹圆形,淡红紫色,长约5 mm,外被白色蜡状物(图10-16)。

(3)生活习性

该虫1年发生1代。以卵在树干基部土中越冬。卵的孵化早晚受气温影响。在河南最早于1月即有若虫出土。初龄若虫行动迟缓,天暖上树,天冷回到树洞或树皮缝隙中隐蔽群居,最后到一二年生枝条上吸食危害。雌虫经3次蜕皮变成成虫,雄虫第2次蜕皮后不再取食,下树在树皮缝、土缝、杂草中化蛹。蛹期10天左右,4月下旬至5月上旬羽化,与雌虫交配后死亡。雌成虫6月前后下树,在根颈部土中产卵后死亡。

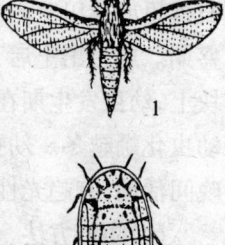

1. 雄成虫　2. 雌成虫

图10-16　草履蚧壳虫

(4)防治方法

①涂黏虫胶带:在草履蚧若虫未上树前于3月初在树干基部刮除老皮,涂宽约15 cm的黏虫胶带,黏胶一般配法为废机油和石油沥青各1份,加热溶化后搅匀即成;或废机油、柴油或蓖麻油2份,加热后放入1份松香油熬制而成。如在胶带上再包一层塑料布,下端呈喇叭状,防治效果更好。

②根部土壤喷药:若虫上树前,用6%的柴油乳剂喷洒根颈部周围土壤。

③耕翻土壤:采果至土壤结冻前或翌年早春进行树下耕翻,可将草履蚧消灭出土之前,耕翻浓度约15 cm,范围要稍大于树冠投影面积。结合耕翻可在树冠下地面上撒施5%辛硫磷粉剂,每亩用2 kg,使药土混合均匀。

④药物防治:若虫上树初期,在核桃发芽前喷3~5波美度石硫合剂,发芽后喷80%敌敌畏乳油1 000倍液,或48%乐斯本乳油1 000倍液。

⑤保护天敌:草履蚧的天敌主要是黑缘红瓢虫,喷药时避免喷菊酯类和有机磷类广谱性农药,喷洒时间不要在瓢虫孵化盛期和幼虫时期。

10. 芳香木蠹蛾

又名杨木蠹蛾、蒙古木蠹蛾。属于鳞翅目、木蠹蛾科。因其老熟幼虫爬行速度较快,遇到惊扰,可分泌出一种有芳香气味的液体,而得此名。

(1)主要危害状　广泛分布于我国东北、华北、西北、西南等省区,在河南的卢氏、陕西的商洛等核桃产区危害尤其严重。除危害核桃外,还危害苹果、梨、桃、杨、柳、榆等树木。幼虫群集在核桃树干基部及根部蛀食皮层,使根颈部皮层开裂,排出深褐色的虫粪和木屑,并有褐色液体流出。使树势逐年衰弱,产量降低,甚至整株枯死。

(2)形态特征

①成虫:体长27~45 mm,翅展50~97 mm,雌蛾大于雄蛾,全体灰褐色,触角栉齿状,翅上有许多黑褐色波状横纹。

②卵:椭圆形,初产时白色,孵化前暗褐色。

③幼虫:老熟幼虫体长可达60~100 mm,扁圆筒形,有稀疏粗毛。背面紫红色,有光泽,腹面黄色或淡红色。头部紫黑色,前胸背板上有2个紫褐色斑。有3对胸足,4对腹足。

④蛹:暗褐色,长30~50 mm。第二至第六腹节背面各有两排刺。

⑤茧:长椭圆形,略弯曲,极致密,由入土老熟幼虫化蛹前吐丝结缀土粒构成。在此之前幼虫先结一质地松薄的越冬用伪茧(图10-17)。

(3)生活习性　在河南、陕西、山西和北京等地2年完成1代,在青海西宁等地3年完成1代。幼虫在被害树木的蛀道内和树干基部附近的土内越冬。越冬老熟幼虫于4~5月化蛹,蛹期17~52天,平均40天,预蛹期约19天。6~7月羽化出成虫。成虫多在夜间活动,有趋光性。卵多产于树干基部1.5 m以下或根茎接合部的裂缝或伤口边缘等处。每头雌虫平均产卵245粒;卵块状,每块有卵50~60粒,少者只有几粒,多者100多粒。幼虫孵化后即从伤口、树皮裂缝或旧蛀孔等处钻入皮层,排出细碎均匀的褐色木屑。幼虫先在皮层下蛀食,使木质部与皮层分离,极易剥落,在木质部的表面蛀成槽状蛀坑。此阶段常见10多头幼虫群集危害。虫龄增大后,常分散在树干的同一段内蛀食,并逐渐蛀入髓部,形成粗大而不规则的蛀道。10月份即在蛀道内越冬。翌年继续危害,到9月下旬至10月上旬,幼虫老熟,爬出隧道,在根际处和离树干几米外向阳干燥处约10 cm深的土壤中结伪茧越冬。

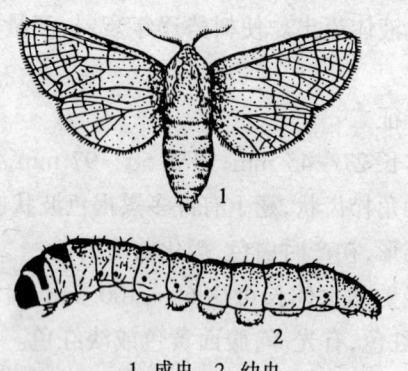

1. 成虫 2. 幼虫

图 10-17 芳香木蠹蛾

(4)防治方法

①应及时伐除枯死木、衰弱木,并注意消灭其中的幼虫。

②树干涂白:在成虫的产卵期,将核桃树树干涂白,可以防止成虫在树干在产卵。

③人工捕杀幼虫:发现幼虫危害时,撬开皮层挖出幼虫。

④喷药防治:6~7月份,在树干1.5 m以下至根部喷洒50%倍硫磷乳剂400~500倍液,或20%喹硫磷乳剂500倍液,隔15天左右喷1次,连喷2~3次,以毒杀初孵幼虫。

⑤灌药防治:5~10月幼虫蛀食期间,将核桃树根颈部土壤扒开,用40%乐果乳剂25倍液灌入虫道,至药液外流时为止,然后用湿土封严,毒杀树干中或根部的幼虫。

11. 核桃瘤蛾

又名核桃毛虫、核桃小毛虫。属于鳞翅目、瘤蛾科。

(1)主要危害状　主要分布于山西、河南、河北、陕西等地。幼虫咬食核桃叶片危害核桃,属于爆食性害虫,严重发生时几天内能将树叶吃光,造成枝条2次发芽,树势极度衰弱,导致翌年枝条枯死。

(2)形态特征

①成虫:体长8~11 mm,翅展19~24 mm,灰褐色。雌虫触角丝状,雄虫触角羽毛状。前翅前缘基部及中部有3个隆起的深色鳞簇,组成3块明显的黑斑;从前缘至后缘有3条由黑色鳞片组成的波状纹。后缘中部有一褐色斑纹。

②卵:直径0.4 mm左右,扁圆形,中央顶部略凹陷,四周有细刻纹。初产时为乳白色,后变为浅黄至褐色。

③幼虫:老熟幼虫体长12~15 mm,背面棕褐色,腹面淡黄褐色,体形短粗而扁。中、后胸背面各有4个毛瘤,2个较大的毛瘤着生较短的毛,2个较小的毛瘤着生较长的毛。体两侧毛瘤上着生的毛长于体背毛瘤上的毛。腹面第四至七节背面中央为白色。胸足3对,腹足3对,着生在第四、五、六腹节上;臀足1对,着生在第十腹节上。

④蛹:体长8~10 mm,黄褐色,椭圆形,腹部末端半球形。越冬茧长圆形,丝质细密,浅黄白色(图10-18)。

(3)生活习性　1年发生2代,以蛹在石堰缝中(约95%)、土缝中、树皮裂缝中及树干周围的杂草和落叶中越冬。成虫有趋光性,黑光灯对其引诱力最强,蓝色灯光次之,一般灯光诱不到蛾子。成虫在前半夜活动性强。羽化后两天产卵,卵期4~5天。卵散产于叶片背面主、侧叶脉交叉处,每处多数只产1粒卵。卵表面光滑,无其他覆盖物。越冬代成虫的羽化期自5月下旬至7月中旬约计50余天,盛期为6月上旬;第一代成虫的羽化期自7月中旬至9月上旬计50余天,盛期在7月底至8月初。越冬代雌蛾产卵量为70粒左右,第一代雌蛾产卵量为260粒左右,持续100天左右。

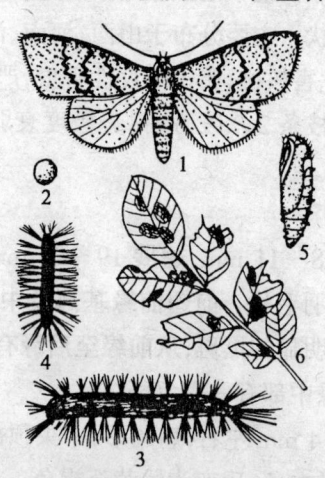

1. 成虫　2. 卵　3. 幼虫　4. 幼虫背面观　5. 蛹　6. 为害状

图10-18　核桃瘤蛾

幼虫多为7龄,幼虫期18~27天,3龄前的幼虫在孵化的叶片上取食,受害叶仅余网状叶脉;3龄后的幼虫活动能力增强,能转移危害,受害叶仅余主侧脉,偶见核桃果皮受害。幼虫老熟后多于凌晨1~6时沿树干下爬,寻找石缝、土缝及石块下做茧化蛹。第一代老熟幼虫下树期自7月初至8月中旬约一个半月,盛期在7月下旬;第二代老熟幼虫的下树期从8月下旬至9月底、10月初,计40天左右,盛期在9月上中旬。

第一代蛹期6~14天,第二代蛹期(越冬蛹)9个月左右。阳坡、干燥的石堰缝中越冬蛹的存活率高于阴坡、潮湿石堰缝中的蛹。树冠外围的叶片受害较重,上部的叶片受害重于下部的叶片。

(4)防治方法

①诱杀蛹:可在树干周围半径0.5m的地面上堆积石块,利用老熟幼虫有下树化蛹的习性,对其进行诱杀。

②黑光诱杀:利用其对黑光的趋光性,用黑光灯诱杀成虫。

③化学防治:幼虫发生危害期,喷洒50%杀螟松乳油1 000倍液,或90%晶体敌百虫800倍液,或2.5%溴氰菊酯乳油6 000倍液进行防治。

12. 核桃缀叶螟

又名木黏虫、缀叶丛螟。属于鳞翅目、螟蛾科。

(1)主要危害状　幼虫咬食核桃的叶片,发生严重的年份,可以把树叶吃光。在辽宁、北京、河北、天津、山东、江苏、安徽、浙江、江西、福建、广东、湖南、湖北、河南、云南、贵州、四川和陕西等省、市、区等地广泛分布。

(2)形态特征

①成虫:体长14～20 mm,翅展35～50 mm,全体黄褐色。前翅色深,稍带淡红褐色,有明显的黑褐色内横线及曲折的外横线,横线两侧靠近前缘处各有黑褐色斑点1个,外缘翅后翅灰褐色,越接近外缘颜色越深。

②卵:球形,密集排列成鱼鳞状,每块有卵200粒左右。

③幼虫:老熟幼虫体长20～30 mm。头部黑色有光泽。前胸背板黑色,前缘有6个黄白色斑。背中线宽、杏黄色,体侧各节有黄白色斑。腹部腹面黄褐色,疏生短毛。

④蛹:长约16 mm,深褐色至黑色。

⑤茧:深褐色,扁椭圆形,长约20 mm,宽约10 mm,硬似牛皮纸(图10-19)。

(3)生活习性　1年发生1代,以老熟幼虫在根的附近及距树干1 m范围内的土中结茧越冬,入土深度10 cm左右。翌年6月中旬至8月上旬为越冬代幼虫从化蛹期,盛期在6月底至7月中旬。蛹期10～20天。6月下旬至8月上旬为成虫羽化期,盛期在7月中旬。成虫产卵于叶面。7月上旬至8月上中旬为幼虫孵化期,盛期在7月底至8月初。初龄幼虫常数十至数百头群居在叶面

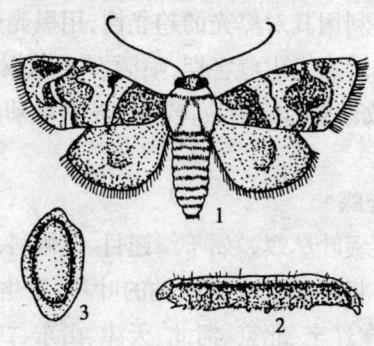

1. 成虫 2. 幼虫 3. 茧
图 10-19 核桃缀叶螟

吐丝结网,舔食叶肉,先是缠卷1张叶片呈筒形;随树体的增大,至 2～3 龄时,分几群危害,常将 3～4 片复叶缠卷一起呈团状;4 龄后开始分散活动,1 头幼虫缠卷 1 复叶上部的 3～4 片叶子危害。幼虫夜间取食,白天静伏于叶筒内。受害叶片多位于树冠上部及外围,容易发现。从 8 月中旬开始,老熟幼虫入土做茧越冬。

(4)防治方法

①人工杀死:利用幼虫危害叶片时,呈群居状态,可以摘除虫包,集中烧毁杀灭虫体。

②挖虫茧:虫茧一般集中在树根旁边松软的土里,可在秋季封冻前或春季解冻后在其附近挖除虫茧集中烧毁。

③农药防治:7月中下旬在幼虫危害的初期,喷洒40%乐果乳油 2 000 倍液,或 25% 西维因可湿性粉剂 500～800 倍液。

13.舞毒蛾

又名柿毛虫。属于鳞翅目、毒蛾科。

(1)主要危害状 在我国黑龙江、辽宁、河北、河南、山东、山西、陕西、新疆等省区均有分布。主要危害核桃、柿、苹果、梨、板栗等树木,以幼虫咬食叶片,造成树势衰弱,影响产量。

(2)形态特征

①成虫:体长 20～25 mm,翅展 45～70 mm。雄虫体细小,茶褐色,前翅有四五条波状横线,中室中央有一黑褐色圆形斑点,中室外端有一黑褐色倒"V"形纹。雌蛾体肥大,污白色,前翅有 1～5 条波状横线,腹末密生黄褐色绒毛。雌雄蛾前翅外缘的翅脉间均有 7～8 个褐色斑纹,后翅斑纹不明显。

②卵:球形,灰褐色,直径约 1 mm,每个卵块有 400～500 粒卵,其上覆盖很厚的黄褐色绒毛。

③幼虫:初孵化时淡黄褐色。老熟幼虫体长 60 mm 左右。头大,淡黄褐色,散生黑点,正面有"八"字形纹。胸、腹部暗黑色,背线黄褐色,第一至第十一节背面两侧各有 1 对半球形毛瘤,前 5 对蓝色,后 6 对橙红色,均着生棕黑色短毛。各体节的两侧另有较小的毛瘤,其上着生黄褐色长毛。

④蛹:纺锤形,黑褐色,体长 20～25 mm,体表有黄色短毛(图 10-20)。

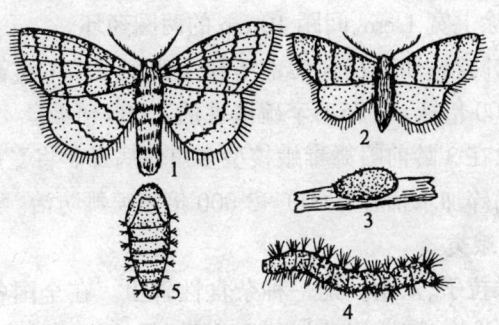

1. 雌成虫　2. 雄成虫　3. 卵块　4. 幼虫　5. 蛹
图 10-20　舞毒蛾

(3)生活习性　1 年发生 1 代,以卵块在树皮上及梯田的堰缝、石缝中越冬。翌年 4 月下旬开始孵化,幼虫于 5 月份危害最重,6 月上中旬老熟化蛹。蛹期 10～14 天。成虫羽化期在 6 月中旬至 7 月上旬,6 月下旬为羽化盛期。

幼虫雄虫6龄、雌虫7龄。1龄幼虫日夜生活于树上,群集叶片背面,白天静止不动,夜间活动取食;幼虫受惊后则吐丝下垂,可随风向其他树飘移传播。从第二龄幼虫开始,每天早晨爬到树皮裂缝中、树下石堆内及石堰缝中隐藏,傍晚则成群结队上树取食寄主的叶片。幼虫老熟后大多数爬到石堆内或石堰缝中化蛹,少数可在杂草中化蛹。平原地区的舞毒蛾幼虫多在树干或寄主附近的屋檐下化蛹。

(4)防治方法

①人工杀死:舞毒蛾幼虫有白天下树潜伏的习性,可在树下堆石块诱杀。

②人工杀卵:冬季将树皮上、地堰及石缝中的卵块挖出,集中消灭或置于纱笼中,来保护寄生蜂的正常羽化。

③树干刮皮涂药:将主干距地面50~100 cm处的粗皮刮去,择光滑区段用有效成分为溴氰菊酯和杀灭菊酯的松毛虫杀灭药剂,用涂棒涂上宽1 cm、间距10 cm的两圈药环。

④药物防治:幼虫在3龄前于树上喷洒2.5%溴氰菊酯乳油4 000~6 000倍液,或75%辛硫磷乳油2 000倍液。

⑤幼虫在3龄前喷舞毒蛾核型多角体病毒。将受病毒感染的死虫尸体捣碎加水稀释2 000~3 000倍液喷舞防治。

14. 刺蛾类

又名洋拉子、八角。是一种杂食性害虫。在全国各地均有分布。以幼虫取食叶片,影响树势和产量,是核桃叶部的重要害虫。刺蛾的种类有黄刺蛾、绿刺蛾、褐刺蛾、扁刺蛾等。

(1)主要危害状 初龄幼虫取食叶片的下表皮和叶肉,仅留表皮层,叶面出现透明斑。3龄以后幼虫食虫量增大,把叶片吃成多孔洞,缺刻,影响树势和第2年结果。幼虫体上有毒毛,触及人体,会刺激皮肤发痒发痛。

(2)形态特征

黄刺蛾:成虫体长13~17 mm,黄色,触角丝状,棕褐色。老熟幼虫黄绿色,长18~25 mm,宽约8 mm,体背上具两个哑铃形紫褐色大斑纹。身体上具枝刺,刺上具毒毛。卵扁椭圆形、扁平,淡黄色,长1.4 mm。茧椭圆形,长约12 mm。质地坚硬,灰白色,具黑褐色纵条纹。

绿刺蛾:成虫体长13~17 mm,黄绿色。翅基棕色,近外缘有黄褐色宽带。卵扁椭圆形,翠绿色。幼虫体长约25 mm,体黄绿色。背具有10对刺瘤,各生毒毛,后胸亚背线毒毛红色,背线红色,前胸1对突刺黑色,腹末有蓝黑色毒毛4丛。茧椭圆形,栗棕色。

扁刺蛾:成虫体长约17 mm,体刺灰褐色。前翅有1条明显暗褐色斜线,线内色淡,后翅暗灰褐色。卵椭圆形,扁平。幼虫体长26 mm,黄绿色,扁椭圆形。背面稍隆起,背面白线贯穿头尾。虫体两侧边缘有瘤状刺突各10个,第4节背面有一红点。茧长椭圆形,黑褐色。

褐刺蛾:成虫体长约18 mm,灰褐色。前翅棕褐色,有2条深褐色弧形线,两线之间色淡,在外横线与臀角间有一紫铜色三角斑。卵扁平,椭圆形,黄色。幼虫体长35 mm,体绿色。背面及侧面天蓝色,各体节刺瘤着生红棕色刺毛,以第3胸节及腹部背面第1、5、8、9节刺瘤最长。茧广椭圆形,灰褐色(图10-21)。

(3)生活习性

黄刺蛾:在东北、山东和河北北部等地,1年发生1代;长江流域、河南、河北南部和陕西等地,1年发生2代。以老熟幼虫在树杈处、小枝上或树干粗皮上结茧越冬。翌年5~6月份化蛹,6月中旬至7月中旬羽化产卵,8月中旬第一代成虫羽化产卵,第二代幼虫危害至10月份。成虫具有趋光性。

绿刺蛾:1年发生1~3代,以老熟幼虫在树干基部结茧越冬。成虫于6月上中旬开始羽化,末期在7月中旬。8月是幼虫危害盛期。成虫的趋光性较强,夜间活动。初孵幼虫有群集性。

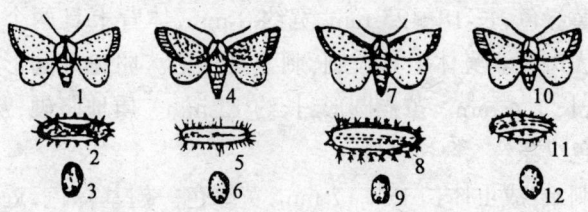

1～3.刺蛾(1.成虫;2.幼虫;3.茧)
4～6.褐边绿刺蛾(4.成虫;5.幼虫;6.茧)
7～9.褐刺蛾(7.成虫;8.幼虫;9.茧)
10～12.扁刺蛾(10.成虫;11.幼虫;12.茧)

图 10-21 刺蛾

扁刺蛾:1年发生2～3代,以老熟幼虫在土中结茧越冬。6月上旬开始羽化为成虫。成虫有趋光性。幼虫发生期很不整齐,6月中旬出现幼虫,直到8月上旬仍有初孵幼虫出现,幼虫危害盛期在8月中下旬。

褐刺蛾:1年发生1～2代,以老熟幼虫结茧在土中越冬。

(4)防治方法

①消灭越冬虫茧:可结合秋季挖树盘施肥,冬季修剪等消除越冬虫茧。

②诱杀:利用成虫的趋光性,利用黑色灯光诱杀成虫。

③人工捕杀:在幼虫聚集期剪除虫枝,集中进行烧毁。

④保护天敌:可利用上海青蜂对黄刺蛾茧寄生的特性,消灭黄刺蛾的越冬茧。

⑤化学防治:幼虫危害严重时,幼虫发生期用苏云金杆菌或青虫菌500倍液,或25%灭幼脲3号胶旋剂1 000倍液,或5%辛硫磷100倍液,或90%晶体敌百虫,或48%乐斯本乳油2 000倍液,或用每克含100亿以上孢子的用青虫粉剂1 000倍液喷雾。

15. 铜绿金龟

又名铜绿丽金龟。属于鞘翅目、丽金龟科。

(1) 主要危害状　在我国吉林、辽宁、河北、河南、山东、山西、陕西、湖南、湖北、江西、安徽、江苏、浙江等省均有分布。以成虫取食核桃、苹果、枫杨、杨、柳、榆、栎等多种植物,常常导致大片树木叶片被吃光,尤以幼树受害严重。幼虫危害植物的根部。

(2) 形态特征

①成虫:体长约 19 mm,宽 9～10 mm,椭圆形。身体背面包括前胸背板、中胸小盾片和鞘翅均有铜绿色,有金属光泽。额及前胸背板两侧缘黄色。触角腮叶状,浅黄褐色。鞘翅上有不明显的 3 条隆线。虫体的腹面和足的大部分均为黄褐色。

②卵:卵圆形,长约 2 mm。初为乳白色,后渐变淡黄色,表面光滑。

③幼虫:老熟幼虫体长约 40 mm,头黄褐色,胸、腹部乳白色。腹部末节腹面除钩状毛外,尚有排成 2 纵列的刺状毛 14～15 对。

④蛹:裸蛹,初期白色,后逐渐变为淡褐色(图 10-22)。

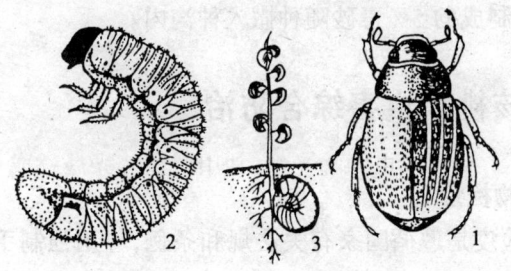

1. 成虫　2. 幼虫　3. 幼虫为害状

图 10-22　铜绿金龟子

(3) 生活习性　1 年发生 1 代,以幼虫在土壤内越冬。翌年 5 月幼虫老熟,在土室内化蛹,6～7 月为成虫出土危害期,7 月中旬后逐渐减少,8 月下旬终止。主要危害期 40 天左右。成虫具有较强的假死性和趋光性,多在傍晚6~7时飞出,交尾产卵,8时以后进行危害,凌晨3~4时又重新到土中潜伏。成虫喜栖息在疏松、潮湿的土壤里,潜入深度一般在7 cm左右。成虫于6月中旬开始产卵,多散产于树下的土壤内或大豆、花生地里,卵期约10天。7月上旬第一代幼虫,取食寄主植物的根部,到10月上中旬幼虫开始向土壤深处转移、越冬。

(4)防治方法

①人工防治:于6月成虫大量发生期,傍晚利用成虫假死性,进行敲树振虫,树下用塑料布接虫,集中将其消灭。

②物理诱杀:利用成虫的趋光性,6~7月用黑光灯进行诱杀成虫。

③化学防治:成虫大量发生的年份,6~7月份是成虫危害的高峰期,可用50%的马拉硫磷乳油,或50%辛硫磷乳油800~1 000倍液,或40%氧化乐果乳油1 000~1 500倍液在树冠上喷雾进行防治。

④防治蛴螬:用50%辛硫磷乳油100 g拌种50 kg;或拌1 kg炉渣后,将制成的5%毒砂随种撒入种沟内。

四、核桃病虫害综合防治

1. 植物检疫

植物检疫是遵循国家有关法规和条例,应用强制手段和科学方法,预防和阻断危险性病虫杂草从国外传入国内或国内某地区间传播。为防止病虫害的出现,在果园定植、高接换种和引进种苗时应加强植物检疫工作,严格把关,禁止将带有检疫性病虫害的苗木、接穗引进我国。选择抗病虫和免疫力强的品种,提高自身的保护能力。涉及落叶果树植物检疫对象有3类,一类有害生物有地中海实蝇、苹果 蛾、梨火疫病;二类有害生物有美国白蛾、日本金龟子、苹果根瘤蚜、李属坏死斑病毒;三类有害生物共109种,其中包括苹果绵蚜和李痘病毒。地中海实蝇是世界公认的最具毁灭性的农业害虫,至今尚无此虫。梨火疫病也可危害苹果,是一种毁灭性病害。美国白蛾是一种世界性检疫对象。日本金龟子是一种杂食性害虫,寄主多达300多种。

2. 农业防治

农业防治是根据农业生态环境与病虫发生的关系,通过改善和改变生态环境,合理应用品种抗病虫性及一系列的栽培管理技术,有目的地改变核桃园生态系统中某些因素,使之有利于有益生物的生存,抑制病害的侵染、扩展和控制害虫的种群增长速度,达到控制病虫发生,减轻危害程度,获得生产优质、安全农产品的目的。

农业生态控制技术方法灵活、多样、经济、简便,在作物生产期内,结合生态环境,栽培管理,不需要特殊的设备和器材,不用增加劳动投资与生产费用,即可收到很好的控制效果。更为突出的是农业生态防治不存在杀伤天敌、农药残留和环境污染等问题。这些特点就决定了农业生态控制技术在无公害核桃生产过程中的重要地位。

(1)选育抗病虫品种

选育抗病虫品种是预防病虫的重要一环,同一树种由于经过长期的自然选择和人工选择,形成了各种不同的品种,其性状不同抗病虫的能力也不同。

核桃抗病育种与其他果树比较,进展相对滞后。这是因为我国的晚实核桃较少发生病害,加之以实生树为主的核桃园在抗病性上各有不同的生理机制,因此,实生群体相对地具有较强的抗病能力。随着品种化栽培以及早实核桃栽培面积的扩大,病害日渐严重。我国曾有过以枫杨、核桃楸等作砧木的经验。枫杨作砧木时,表现树体生长旺盛,但常发生后期不亲和,且不同种类的枫杨嫁接亲和力差异甚大,故国内未能成功地推广。而美国却有小片的以中国枫杨嫁接的核桃园。核桃楸作砧木仅限于野生核桃楸林的改造,曾在北京及河北部分山区采用。但因核桃楸生长缓慢,易形成"小脚"现象,也未成为核桃的主要砧木。云南多用铁核桃作砧木嫁接泡核桃,至今仍在广泛应用。欧、美各国采用黑核桃($J.$ $nigra$)、北加州黑核桃($J.\ hindsii$)以及一些种间杂种,如奇异核桃($Paradox$)作砧木,以增强抗逆性与抗病能力,并取得了一定成效。我国华北核桃抗病,新疆核桃引入华北后病害发生较严重,中国林业科学研究院利用华北核桃和新疆核桃进行杂交,对试验的第一代杂种苗抗病性的田间测定,子代的发病程度有减轻的趋势,而且个体间的差异较大。抗病遗传基因较为复杂,目前已成为世界核桃育种的主要目标之一,应继续深入研究华北核桃资源抗病性机制,筛选抗病基因。

(2)合理栽植

栽培措施必须与核桃的生产技术措施保持一致,因为只有满足核桃生长发育要求,同时兼顾到防治病虫发生的技术措施才能达到速生、丰产、优质的目的。合理栽植是防治病虫的重要措施。

①园地选择

在核桃定植以前,首先要做好园地选择和规划,选择适宜栽植核桃的土壤及环境,使树体生长健壮,以免除或减少病虫危害。当核桃栽植在过分黏重的土壤中时,根群不能正常生长,树势必然衰弱,若栽植于土壤瘠薄的山坡上,水土流失严重,根系外露,树势较弱。弱树抵抗病虫危害的能力差,从而容易出现病虫害。因此,建立核桃园之前,选择适宜的立地条件非常重要。做好核桃园规划,加强核桃园管理,为树体创造良好的生长条件。另外,应对土壤的病虫害进行调查,地下病虫害严重时,先防治再栽植。栽植前,深耕、细整,防止园内积水,减轻根部病害和落叶病垢发生。同时为今后的病虫防治工作打下良好的基础。

②树种配置

选用抗病虫品种和健壮无病虫的苗木定植,苗木要整齐一致,保持一定的株行距,利于通风透光和机械化作业。在核桃园作绿肥及矮秆作物,以提高土壤肥力,丰富物种多样性,增加天敌控制效果。

③加强管理

大部分核桃园立地条件较差,土质瘠薄,缺乏养分和水分,要获得核桃的优质高产,必须改变管理模式,把粗放管理模式转变为集约管理模式,适时适度修剪,控制负载,加强土、肥、水管理,增强树势,提高抗性,消灭病虫来源。核桃举肢蛾的发生与环境有直接关系,凡核桃树不耕种,杂草丛生的,核桃举肢蛾发生就严重。当树下进行冬翻,夏季轻耕或种植农作物的,核桃举肢蛾危害就较轻。春季通过刨树盘,铲除杂草,疏松土壤,可减轻核桃举肢蛾的发生,并能消灭在地下越冬害虫基数,也可减少褐斑病、白粉病等病原,同时提高树体对腐烂病等多种病害的抵抗力。通过冬季修剪改善树体结构,增加结果部位,同时可将在枝条上越冬的卵、幼虫、越冬茧等剪去,以减轻翌年的危害;利用夏剪可改善树体通风透光条件,减少树干腐烂病、落叶病等的发生蔓延。减少农药在核桃果中的残留,是生产无公害果品的一项关键技术。

④清洁核桃园

被病虫危害的枯枝落叶、病果,常是病虫害次年的危害来源,秋末冬初彻底清除落叶和杂草,消灭在其上越冬的黑斑病、炭疽病病原。及时摘除白粉病叶芽,生长季节及时检查、清理果园内受黑斑病、褐斑病以及核桃举肢蛾、核桃吉丁虫危害的枝条,刮除核桃窄吉丁危害的虫斑,集中深埋或销毁。

3. 化学(药剂)防治

通过化学农药对病虫害进行防治的方法称为化学防治法,即药剂防治法。目前,化学农药对病虫害的防治,特别是在病虫害大发生时的防治,仍具有不可替代的作用,是目前病虫害防治的最主要的方法。害虫的化学防治应注重农药品种的选择。从减少害虫对农药的抗药性,保护生态环境,生产出绿色果品为出发点,严格执行《农药合理使用准则》,尽量少用或不用对人、畜和自然环境不利的化学农药,推广矿物源、植物源、生物农药和昆虫生长调节剂,把病虫害的危害控制在经济允许水平以下。

4. 生物防治

生物防治方法以对树体无害为前提,坚持以虫治虫,以菌治虫,以鸟治虫的原则,利用寄生性天敌、捕食性天敌或病原微生物及其产品等来控制害虫密度或抑制病原菌扩展蔓延,从而达到减轻核桃园病虫危害。害虫天敌主要通过直接捕食害虫或寄生于害虫体内来消灭天敌。核桃虫害较为常见的寄生性天敌有寄生蜂、寄生蝇等;较常见的捕食性天敌有瓢虫、草蛉、食虫蜡象、捕食性螨等。

(1)天敌的保护和利用

核桃园中的害虫天敌大约有200多种,常见的也有10多种。在果园生态系统中,物种之间存在着既相互制约又相互依存的关系,由于害虫自然天敌的存在,一些潜在的害虫受到抑制,能使果园虫害种群数量维持在危害水平之下,不表现或无明显的虫害特征。因此,在果园中害虫的天敌对害虫的密度和蔓延起到了减少和抑制作用。在无公害果品生产中,应尽量发挥天敌的自然控制作用,避免采取对天敌有伤害的病虫防治措施,尤其要限制光谱有机合成农药的使用,同时改善果园生态环境,保持生物多样性,为天敌提供转换寄主和良好的繁衍场所,在使用化学农药时,尽量选择对天敌伤害小的选择性农药。秋季天敌越冬前,在枝干上绑草把、旧报纸等,为天敌创造一个良好的越冬场所,诱集果园周围作物上的天敌来果园越冬。冬季刮树皮时注意保护翘皮内的天敌,生长季节将刮掉的树皮妥为保存,放进天敌释放箱内,让寄生天敌自然飞出,增加果园中天敌数量。

(2)人工饲养和释放天敌

人工释放松毛虫赤眼蜂防治刺蛾等叶部害虫十分成功。目前赤眼蜂人工卵已可进行半机械化生产。在卷叶蛾危害率5%的果园,第一代卵发生期连续释放赤眼蜂3~4次,可有效控制其危害。

(3)从国外引进天敌

我国20世纪50年代初引进澳洲瓢虫,在广州市郊柑橘园释放,一年后吹绵蚧受到控制。引进日光蜂防治绵蚜,也取得较好效果。中国农业科学院生物防治研究所引进抗有机磷农药的捕食螨西方盲走螨防治苹果园叶螨,效果十分显著,这些措施均可在核桃园使用。与化学农药防治相比,不但具有保护生态环境等多方面好处,而且还是一项高效益的技术策略。美国近80年的统计资料表明,投资和收益比率,天敌引种为1:30,而化学药剂仅为1:5。

(4)利用昆虫激素防治害虫

利用昆虫激素防治果树害虫,在果树生产中广泛应用,昆虫激素可分为外激素和内激素两种。外激素是昆虫分泌出的一种挥发性物质,如性外激素和告警外激素。内激素是昆虫分泌在体内的化学物质,用来调节发育和变态的进程,如保幼激素,蜕皮激素和脑激素。性外激素在果树害虫防治工作中比内激素的使用范围更为广泛,昆虫主要是通过嗅觉和听觉求得配偶。人为的采用性外激素大量诱集雌虫、使雌虫失去配偶机会,从而不能繁殖,达到防治害虫的目的。通常使用的方法有:

①诱捕法:把羽化后尚未交尾的雌虫腹末三节剪下,浸在二氯甲烷、乙醚、丙酮、苯等溶液中,将组织捣碎滤出残渣,然后蒸去滤液中的溶剂,既可得初提物,将粗提物用于喷洒。

②性诱剂迷向法

在昆虫交配期间,通过释放大量昆虫性外激素物质或含性引诱剂的诱芯,与自然条件下昆虫释放的性外激素产生竞争,中断雌雄个体间的性信息联系,以降低虫口密度、减少后代繁殖量的一种防治技术。应用性诱剂迷向法防治害虫,需要在成虫交配活动层空间,存在稳定的生态小气候环境,便于性诱剂气体物质滞留,对雌雄个体间的交配联系起到干扰作用,使雄蛾几乎找不到雌蛾进行交配,交配率显著下降。

性诱剂是一种仿生的化合物,无毒无公害,成本低廉,使用方便,用它来防治害虫,可减少因滥施农药而造成中毒事件的发生和减轻环境污染,增强自然天敌的控制作用,保持生态平衡,有利于促进农业的可持续发展。性诱剂具有以下优点:①活性强,灵敏度高,一个诱芯能引诱几十米、几百米远的雄蛾。②专一性强,选择性高,只对特定害虫发生作用。③用法简单,价格低廉,每亩地用1~2个诱芯,有效诱蛾时间达1个月,可防治一个世代的蛾子。④无毒无害,污染小,属于仿生农药,不污染环境,对人、畜、天敌和作物无毒,无须直接喷施,长期使用不产生抗药性。

性诱剂能够更加准确地进行虫情预测预报,它作为测报的工具和手段,既是有效的防治措施,又可有效地指导害虫的综合防治。

③利用微生物或其代谢产物防治病虫

利用真菌、细菌、放线菌、病毒、线虫等有害微生物或其代谢产物防治果树病虫、喷洒 Bt 乳剂或青虫菌 6 号 800 倍液,对防治核桃刺蛾、尺蠖、潜叶蛾、毒蛾、天幕毛虫等多种鳞翅目初孵幼虫有较好防效。用农抗 120 防治核桃树腐烂病,具有复发率低、愈合快、用药少、成本低等优点。

5. 物理防治

是利用害虫对温度、光、热等物理现象的不同反应以及水、机械等方面的作用来消灭病虫的方法,以此达到抑制病虫的生长繁殖,消灭病虫之目的。如利用糖醋液、灯光诱杀虫害;7 月份在树干上邦草把,11 月份把草把取下烧毁,消灭越冬幼虫;摘除卵块,找挖虫蛹;利用成虫的假死性振落树上的成虫,加以捕杀;人工或机械除草;采用高分子膜保护枝干等。

(1)黑光灯诱杀

有些害虫喜欢在夜间活动,并对黑光灯有明显的趋性,可利用此习性,设置黑光灯诱杀成虫。黑光灯能诱杀百余种害虫,其中有严重危害核桃树的如枯叶蛾、毒蛾、卷叶蛾、金龟子、木蠹蛾、地老虎、天牛等害虫。这些害虫的活动时间有一定的规律,有的上半夜活动,有的下半夜活动。为了充分诱杀各类害虫,应全夜亮灯。若只为诱杀某一种害虫,可根据该虫活动规律适时开灯。

黑光灯在诱杀害虫的同时,也诱杀了一些天敌昆虫。所以此法只有在核桃园害虫大面积成灾的情况下才采用。

(2)利用害虫的趋化性,配制毒饵诱杀害虫

比如可配糖醋液(适量杀虫剂、糖6份、醋3份、酒1份、水10份),诱杀小地老虎。

(3)利用害虫的假死性捕杀害虫

利用金龟子等的假死性,清晨或傍晚摇动树干,害虫落地后将其捕杀。

(4)越冬前诱集害虫,翌年集中消灭

利用一些害虫在树皮裂缝中越冬的习性,树干上束草、破布、废报纸等,诱集害虫越冬,翌年害虫出蛰前集中消灭。

(5)冬季树干涂白

可防日灼、冻裂,也可阻止芳香木蠹蛾,天牛等害虫产卵危害。

(6)温汤浸种

温汤浸种是核桃病虫害防治较常用的一种物理防治方法。核桃育苗时适当的温度浸种,既可杀菌,又可杀死核桃中的害虫。同时,选择饱满果贮藏待用。浸泡时间的长短应根据水温的高低决定,以能杀死果实中的害虫而又不影响核桃的食用和发芽为原则。

吸收后,用铁丝扎好,置于加有少许洗衣粉的水盆上,在田间

安放一定数量比雌蛾释放性外激素浓度高的性诱剂诱芯及诱捕器,引诱雄蛾前来交配,将大量雄蛾直接杀死在诱捕器中,减少雄蛾的数量及降低雌蛾的交配压力。诱杀防治能取得良好效果,经过诱杀大量的雄蛾,改变了自然的性比,使性比失调,造成相当部分的雌蛾得不到交配的机会而不育,雌蛾的产卵密度下降,繁殖量明显减少,使虫害减轻而达到防治目的。

五、农药使用标准及禁用、限用农药

(1)农药使用标准

目前,使用农药对病虫害进行防治,特别是在病虫害大发生与大流行时的防治,仍具有重要的作用,是目前病虫害防治的最主要的方法。合理地使用农药,能有效地控制病虫害的发生和流行,减少病虫害对农药的抗药性,保护生态环境,生产出无污染、低残留的绿色果品。要使农药充分发挥药效,必须根据农药防治病虫害的机理,采用科学施药技术,尽量少用农药,而能收到好的防治效果。

首先,我们要充分了解病虫害发生的规律,做到提前预防。病虫害的发生要经历一个过程,但应以不受经济损失或不影响产量为标准。不同的病虫害发生部位不同,在防治中用药时要根据不同病虫害的特点做到:重点部位喷到、喷细。如白粉病、蚜虫多发生在顶梢,顶梢部位应该重点喷布;红蜘蛛初发期在叶背危害,此时就应重点对叶背进行喷布农药等。

其次,要把握好农药的使用剂量,严格按照说明书提供的剂量使用农药。各种农药对防治对象所用的药量都是经过科研试验而制定的,生产中要严格根据说明书提供的用量使用,不要随意增减。增大用药量,不但浪费农药,而且容易产生要害,增加核桃果品中农药的残留量,污染环境,影响消费者的身体健康;减少用药量,达不到预期效果,不但浪费农药,而且误工误时误事。初用药时,按照说明书上药量的下限用药,随用药年限增加,药剂量向药剂量的上限不断增加。

再次,农药使用时,种药要交替轮换使用,不要长期使用单一品种的药剂,尽量使用复配药。长期使用单一的药剂,病虫害容易产生抗性群体,造成果园中病虫害发生与用药量的恶性循环,最终增加核桃果实中的农药残留量。轮换用药时,要选用作用机制不同的药剂。如生物制剂、拟除虫菊酯制剂、有机氮制剂、氨基甲酸酯制剂可以轮换使用;内吸杀菌剂宜与代森类、无机硫制剂、铜制剂轮换使用。这些均是有效延缓病虫害产生抗药性的良好途径。

另外,农药使用时,还要注意严格按照国家制定的安全间隔期标准使用。核桃近熟时喷药,要经过农药的安全间隔期后才能采收上市,以保证生产出的核桃达到无污染、低残留的绿色果品标准。一般农药的安全间隔期为7~15天。

(2)禁用农药

禁止使用剧毒、高毒、高残留的农药和致癌、致畸、致突变的农药,核桃生产中不得使用国家明令禁止使用的化学农药,如久效磷、对硫磷(1605)、甲基对硫磷(甲基1605)、水胺硫磷、甲胺磷、三氯杀螨醇、杀虫脒、六六六、滴滴涕、福美胂、砷酸钙、砷酸铅、甲基胂酸锌、甲基胂酸铁铵(田安)、福美甲胂、薯瘟锡、三苯基氯化锡、毒菌锡、西力生、赛力散、氟化钙、氟乙酸钠、氟乙酸胺、氟铝酸钠、氟硅酸钠、林丹、艾氏剂、狄氏剂、二溴乙烷、二溴氯丙烷、甲拌磷(391)、乙拌磷、甲基异硫磷、氧化乐果、氧化菊酯、磷胺、克百威(呋喃丹)、涕灭威(铁灭克)、灭多威(万灵)、溴甲烷、五氯硝基苯、杀扑磷(速扑杀、速蚧克)。

(3)允许、限用农药

允许使用低毒、低残留化学农药,如吡虫啉、马拉硫磷(马拉松)、辛硫磷、敌百虫、双甲脒、尼索朗(噻螨酮)、克螨特、螨死净、菌毒清、代森锰锌类(喷克、大生 M-45)、新星(福星)、甲基托布津、多菌灵、扑海因、甲霜灵、百菌清、福美双、炭疽福美、乙膦铝、乐斯本(毒死蜱)、抗蚜威(辟蚜雾)、西维因(甲萘威)、丙硫克百威(安克力)、丁硫克百威(好年冬)、敌敌畏、亚胺硫磷、杀螟硫磷(杀螟松)、乙酰甲胺磷(高灭磷)、三唑酮(粉锈宁)、倍硫磷、喹硫磷(爱卡士)、溴丙磷、哒嗪硫磷、氯唑磷(乐尔)、灭扫利(甲氰菊酯)、功夫(三氟氯氰菊酯)、歼灭(贝塔氯氰菊酯)、杀灭菊酯(氰戊菊酯、速灭杀丁)、高效氯氰菊酯(高效顺、反氯氰菊酯)、顺式氰戊菊酯(来福灵)、顺式氯氰菊酯(百事达、高效杀死)、联苯菊酯(天王星)、氯化苦、杀螟丹(巴丹)、杀虫双、杀虫单。

允许使用植物源农药、动物源农药、微生物源农药、矿物源农药中的硫制剂与铜制剂。允许有限度地使用部分有机合成化学农药,对一些低毒和个别中毒农药的种类、施药量、使用方法、使用次数,距采收间隔天数与允许的最终残留量等有严格限制。如低毒农药扑海因,其50%可湿性粉剂 1 000~1 500 倍液,允许喷雾 1 次,但需距采收 20 天以上使用,允许每公斤苹果有残留 2 mg 以下;中毒农药溴氰菊酯(敌杀死),其 2.5%乳油 1 250~2 500 倍液,允许喷雾 1 次,需距采收 30 天以上使用。

附录一 核桃无公害生产周年管理历

时间	物候期（生长发育期）	管理技术要点	注意事项
1~2月	休眠期	1. 冬季修剪。常用树形有主干疏层形和自然开心形，主干疏层形留6~7个枝，分2~3层。枝组间保持0.6~1 m距离。盛果期以疏除病虫枝、过密枝、重叠枝、下垂枝为主。结合修剪采集接穗。 2. 早春刨园子（改土、保墒、松土）。 3. 病虫害防治 (1)刮老树皮，兼刮治腐烂病。 (2)喷5波美度的石硫合剂，防止核桃黑斑病，核桃炭疽病等多种病虫。 (3)防草履介壳虫若虫，树干基部涂6~10 cm宽黏胶环阻杀若虫；于根颈及表土喷6%柴油乳剂或喷50%辛硫磷200倍液。 (4)刺蛾、核桃瘤蛾、舞毒蛾等，敲击树干砸皮缝中的刺蛾茧、舞毒蛾卵块；清除石块下越冬的刺蛾、核桃瘤蛾、缀叶螟肾茧及土缝中的舞毒蛾卵块。	1. 防草履介壳虫若虫，涂胶带先刮平树干。 2. 敲击树干砸皮缝中的刺蛾茧、舞毒蛾卵块工作要求细致。

续表

时间	物候期（生长发育期）	管理技术要点	注意事项
3月	萌芽前	1. 合理灌水追肥（复合肥为主）。 2. 育苗，嫁接，疏雄花。 3. 采用人工辅助授粉，去雄花，疏花疏果等方法提高坐果率。 4. 病虫害防治 (1)树上挂半干枯核桃枝诱集黄须球小蠹成虫产卵。 (2)对草履介壳虫、核桃黑斑病、核桃炭疽病、核桃腐烂病喷波美3~5度石硫合剂；用50%甲基托布津、10%苯骈咪唑50~100倍液涂刷树干防腐烂病感染。	1. 坡地，旱地，宜推广穴施肥水，覆膜等保墒增肥技术。 2. 注意：树上挂半干枯核桃枝防治黄须球小蠹在6月中旬或成虫羽化前全部收回烧毁。
4月	萌芽、开花、展叶期	1. 果园管理同上。 2. 病虫害防治 (1)喷25%扑虱灵可湿性粉剂5 000~6 000倍液、40%乐果800倍液防草履介壳虫。 (2)早晨震动树干人工捕杀金龟子成虫。 (3)喷敌敌畏800倍液或25%西维因或50%杀螟松乳剂800倍液,25%亚胺硫磷2 000倍液,防治舞毒蛾、木尺蠖幼虫。 (4)剪除不发芽、不展叶的虫枝，消灭核桃小吉丁虫、黄须球小蠹、豹纹木蠹蛾幼虫。	消灭核桃小吉丁虫、黄须球小蠹、豹纹木蠹蛾幼虫。剪除的虫枝集中烧毁。核桃炭疽病、黑斑病、腐烂病在生长期每半月左右喷药一次。

续表

时间	物候期（生长发育期）	管理技术要点	注意事项
		(5)雌花前后喷50%甲基托布津或40%退菌特可湿性粉剂500~800倍液;中下旬喷波尔多液(1:0.5:200)1~3次防治黑斑病;用40%退菌特可湿性粉剂800倍液与波尔多液(1:2:200)交替喷洒防治核桃炭疽病;用50%甲基托布津、10%苯骈咪唑、65%代森锌200~300倍液涂抹嫁接、修剪伤口防止腐烂病菌侵染,生长期每隔半月左右一次。	
5月	果实膨大期	1.苗圃管理,高接后管理。 2.病虫害防治 (1)核桃举肢蛾:树盘覆土阻止成虫羽化出土;喷50%辛硫磷2 000倍、25%西维因600倍、2.5%敌杀死乳油1 500~2 500倍液或地面撒杀螟松粉、西维因粉。 (2)桃蛀螟:黑光灯、糖醋液诱杀成虫;用50%杀螟松乳油1 000倍液杀成虫、卵、幼虫。 (3)木尺蠖:晚上用灯光或堆火诱杀成虫。 (4)芳香木蠹蛾:用40%乐果20~50倍液注入虫道内并用泥土封口杀幼虫。 (5)核桃横沟象:人工捕杀成虫和刨开根颈部的土;用浓石灰浆涂封根际防止产卵。	核桃举肢蛾每半月左右喷药一次,连喷3~4次。

续表

时间	物候期(生长发育期)	管理技术要点	注意事项
6月	花芽分化及硬核期	1. 芽接。苗圃地中耕除草,施肥。 2. 高接树除萌,绑支架。 3. 花芽分化前(6月上中旬)追肥(以复合肥为主)。 4. 叶面喷肥,增加磷钾含量。 5. 病虫害防治 (1)云斑天牛:人工捕杀成虫、砸卵、灯光诱杀成虫、用棉球黏5~10倍敌敌畏液塞虫孔。 (2)芳香木蠹蛾:人工捕杀捕杀、黑光灯诱杀成虫;于根颈部喷50%辛硫磷乳剂400倍液杀幼虫。 (3)木尺蠖核桃瘤蛾:灯光诱杀成虫。 (4)人工捕杀核桃横沟象成虫。 (5)桃蛀螟:黑光灯、糖醋液成虫,摘虫果、拾落果深埋灭幼虫;50%杀螟松乳油1 000倍液杀成虫、卵与幼虫。 (6)核桃小吉丁虫、黄须球小蠹:喷敌杀死5 000倍液杀死成虫。 (7)核桃溃疡病、枝村病核桃褐斑病:树干涂白;喷100倍石灰倍量式波尔液或50%甲基托布津800倍液。	

续表

时间	物候期 (生长发育期)	管理技术要点	注意事项
7月	种仁充实期	1. 果园管理同6月 2. 病虫害防治 (1)核桃举肢蛾桃蛀螟幼虫:捡拾落果、采摘虫害果。 (2)核桃瘤蛾:树干上绑草诱杀。 (3)云斑天牛、芳香木蠹蛾、桃蛀螟成虫,人工捕杀、灯光诱杀。 (4)核桃横沟象、举肢蛾成虫:喷50%三硫磷油、50%杀螟松乳油1 000倍液。 (5)芳香木蠹蛾幼虫:撬开被害部树皮捕杀;根颈部喷50%辛硫磷乳剂400倍液。 (6)刺蛾、核桃瘤蛾、木尺蠖幼虫、核桃小吉丁虫、黄须球虫成虫:喷2.5%敌杀死乳油1 500~2 500倍液或50%杀螟松乳剂800倍液,25%亚胺硫磷2 000倍液,10%氯氰菊脂乳剂10 000倍液喷雾。 (7)核桃褐斑病:喷200倍石灰倍量式波尔多液或50%甲基托布津800倍液。	防治核桃举肢蛾、桃蛀螟幼虫。捡拾落果、采摘虫害果集中深埋。

续表

时间	物候期（生长发育期）	管理技术要点	注意事项
8月	成熟前期	1. 果园管理同6月 2. 病虫害防治 (1) 木尺蠖幼虫：喷25%西维因600倍液、2.5%敌杀死乳油1 500~2 000倍液、50%杀螟松乳剂800倍液,25%亚胺硫磷2 000倍液。 (2) 核桃瘤蛾二代、缀叶螟、刺蛾：喷50%敌敌畏800倍或2.5%敌杀死乳油1 500~2 000倍液、50%杀螟松乳剂800倍液。 (3) 芳香木蠹蛾幼虫：用40%乐果20~50倍液注、喷入虫道内并用泥土封严。 (4) 桃蛀螟：糖醋液诱杀成虫。 (5) 核桃横沟象成虫：人工捕杀和喷50%三硫磷乳油、50%杀螟松乳油1 000倍液。 (6) 核桃褐斑病：喷50%甲基托布津800倍液。	

续表

时间	物候期（生长发育期）	管理技术要点	注意事项
9月	采收前、落叶前期	1. 适期采收,采后加工处理。 2. 采收后施基肥,大树每株施100～200倍千克农家肥,混加复合肥。 3. 果园覆盖秸秆类,结合深翻改土、修剪。 4. 病虫害防治 核桃小吉丁虫幼虫、黄须球小蠹成虫、核桃黑斑病、炭疽病、枝枯病、褐斑病:剪除枯枝或叶片枯黄枝或落叶枝;采果后结合修剪剪除枯死枝、病虫枝。	防治核桃小吉丁虫幼虫、黄须球小蠹成虫等,剪除病主枝要集中烧毁。
10月	落叶期	1. 果园管理同9月。 2. 病虫害防治 核桃腐烂病、枝枯病、溃疡病:刮除病斑,刮口涂抹50%甲基托布津或3度石硫合剂或1%硫酸铜液或10%碱水消毒伤口;树干涂白防冻。	防治核桃腐烂病、枝枯病、溃疡病,刮皮范围应超出病组织1 cm左右;刮口光滑严整,刮除病皮集中烧毁。

续表

时间	物候期（生长发育期）	管理技术要点	注意事项
11~12月	休眠期	1.清园（铲除杂草、清扫落叶，落果并销毁），树盘翻耕，刮除粗老树皮，清理树皮缝隙。 2.冬灌（封冬前灌水）利于幼树越冬。 3.幼树越冬前防寒（树干涂白，根部培土等）。 4.冬季修剪。 5.人工挖除越冬态的幼虫、蛹、卵。 6.刨开根颈周围的土灌人尿；用敌敌畏5倍液或50%磷胺50~100倍液喷根颈部后封土。	刮下的树皮，铲除的杂草、落叶等集中烧毁。

附录二 无公害食品 核桃生产技术规程

一、本规程适用范围

1. 本规程适用于生产绿色核桃的无公害基地。
2. 核桃树要求种植于背风向阳的阳坡和平阳坡,部分核桃树栽植于地埂,坡度以 15°~20° 为宜,不要超过 30°,栽植时要砌好梯田或搞好预整地。

二、技术指标

核桃要求完全成熟、光核、子粒饱满、无虫蛀、无杂质、无霉变。

三、四季管理

1. 休眠期管理(11~4月)

①栽植。落叶后至封冻前或解冻后至萌芽前栽植,定植坑 1 m 见方,株行距 7 m×9 m,每穴施腐熟农家肥 50 kg。②清洁、涂白。清除病虫枝、枯枝、落叶,主干涂白。③疏雄。人工疏雄,早疏为宜,疏去全树雄花芽总量的 1/2~1/3。

2. 生长期管理(4~7月)

①追肥。于花前5月中旬每株追腐熟人粪尿 40~50 kg,采用

环状施法或放射状施肥法。挖沟 30 cm 深。②病虫害防治。坚持以农业防治为主,化学防治为辅的防治手段,严禁使用禁用农药。核桃病虫害危害较轻,主要是核桃举肢蛾危害。措施:5月中旬深翻树盘,机械杀死越冬虫茧;6 月上旬用 50% 辛硫磷 3 000 倍液乳油在树冠下均匀喷雾,杀死羽化成虫;6 月中旬仔细观察产卵情况,当卵果率达到 2%~4% 时,及时喷 2.5% 溴氰菊酯乳油 4 000 倍液进行叶面喷雾防治,结合病虫害防治中耕除草。

3. 采收期管理(8~10 月)

①采收。采收时间为 9 月中下旬(白露以后),采收时用长木杆打落。捡出脱皮的光核桃,带皮核桃经 3~4 天堆放后,青皮即可剥落。②晾晒包装。采收后的核桃严禁用漂白剂漂白,可用清水洗净晒干,拣去欠熟、虫蛀、霉坏、破裂果。用标准双丝麻袋包装。③整形修剪。修剪时期,在采收后至叶片刚变黄时,以免造成伤流。一般采用疏层形和自然开心形两种树形。疏层形有中央领导干,分 2 层,着生 6~7 个主枝,通风透光良好,负载量大。自然开心形无明显中心主枝,成形快,结果早,骨干枝安排灵活,便于掌握。修剪时,要使骨架牢固,长势均衡,树冠圆满,各类枝条剪留比例适当,结果枝组配备合理,达到外周不挤,内膛不空,使树体既有一定的经济产量,又能保持健壮生长。

4. 施肥

经 55 ℃温度条件下发酵 7~10 天以上的优质农家肥每株施 100~200 kg,每施用量 2 000 kg,具体方法:采用环状施肥或放射沟施肥,挖宽 30 cm、深 40 cm 施肥沟。

5. 病虫防治

土壤封冻前将树冠下土壤深翻,破坏越冬场所。消灭核桃举肢蛾越冬幼虫。

附录三 中国国家标准《核桃丰产与坚果品质》

1 范围

本标准规定了核桃坚果的分级、检验、包装、贮藏与运输。

本标准适用于核桃(Juglans regia L.)坚果的销售。

2 规范性引用文件

下列标准中的条款,通过本标准的引用而成为本标准的条款。凡是注日期的引用文件,其随后所有的修改单(不包括勘误的内容)或修订版均不适用于本标准,然而,鼓励根据本标准达成协议的各方,研究是否可使用这些文件的最新版本。凡是不注日期的引用文件,其最新版本使用于本标准。

GB/T 14769-1993 食品中水分的测定方法。

GB 18406.2-2001 农产品安全质量 无公害水果安全要求

3 术语和定义

下列术语和定义适用于本标准

3.1 优种核桃

指采用优良品种经无性繁殖的所生产核桃。

3.2 实生核桃

指采用种子繁殖所生产的核桃。

3.3 单果重

单个核桃坚果的重量,以 g 计。

3.4 缝合线紧密度

指核桃坚果中缝开裂的难易程度。

3.5 出油果

种仁油脂氧化,挥发出难闻的哈喇味,坚果表面油化。

3.6 空壳果

指干瘪仁或无仁的核桃。

3.7 破损果

指壳皮破裂的核桃。

3.8 黑斑果

果壳上有残留的青皮或单宁氧化形成的黑斑。

4 产品分类与分级

本产品根据坚果来源分为优种核桃和实生核桃;本产品根据质量要求分为优等品、一等品、二等品。

5 要求

核桃坚果质量指标应符合表1规定。

6 试验方法

6.1 果壳、种仁色泽及取仁难易

将核桃样品,铺放在洁净的平面上,用眼观察核桃果壳的色泽。并砸开取仁,内褶壁不发达、能取整仁或半仁的为取仁容易;内褶壁发达,能取1/4仁为取仁较难。观察记录种仁色泽及饱满程度。品尝鉴定种仁的涩味程度,涩味感觉不明显为涩味淡,涩味感觉明显但程度较轻为稍涩。

6.2 整齐度

指同一批坚果的整齐程度,即在可度量指标单果重、壳厚度及出仁率各指标中,用100%减去最大值与最小值之差占平均值的百分比。

6.3 出仁率

在核桃样品中,随机取样1 000 g,逐个砸开取仁,用感量1/100的天平称重,计算仁重与坚果重之比,换算成百分数,精度为0.01 mm,修约成一位小数。

附录三 中国国家标准《核桃丰产与坚果品质》

表 1 核桃坚果质量指标

项目	感官指标			理化指标					
指标	外壳	种仁	单果重 g	壳厚度	整齐度	出仁率	空壳果	破损果	黑斑果
优等	自然黄白色	取仁容易,种仁饱满,仁色黄白,涩味淡	≥12	≤1.5 mm	≥95%	≥50%	≤1%	≤0.1%	≤0.1%
一等	呈自然黄白色	取仁容易,种仁饱满,仁色黄白,涩味淡	≥10	≤1.8 mm	≥93%	≥45%	≤2%	≤0.2%	≤0.2%
二等	呈自然黄白色或黄褐色	取仁较难,种仁饱满,仁色黄白或琥珀色,稍涩	<10	≤2.1 mm	≥90%	≥40%	≤3%	≤0.3%	≤0.3%

基本要求

坚果充分成熟,壳面洁净,缝合线紧密,未经次氯酸钠漂白,无虫蛀,出油,霉变,异味等果,无杂质,坚果含水量≤8.0%。

卫生指标

符合 GB18406.2 中 4 的要求。

6.4 单果重

在核桃样品中,按四分法取样 1 000 g,称重,进行算术平均,求得单果重,修约成一位小数。

6.5 壳厚度

测量 20 个坚果果壳中部的厚度,求出平均值,精度为 0.01 mm,修约成一位小数。

6.6 空壳果率

在核桃样品中,随机取样 1 000 g,铺放在洁净的平面上,将空壳果挑出分别称重,计算其百分率。

6.7 破损果率

按 6.4 方法进行。

6.8 黑斑果率

按 6.4 方法进行。

6.9 含水量

按 GB/T 14769-1993 中直接干燥法执行。

6.10 卫生指标　按 GB 绿色水果执行。

7 检测规则

7.1 组批

同品种、同等级、同批收购、调运、销售的核桃,称为一批产品。

7.2 抽样

一批产品的包装单位不超过 50 件时,抽取的包装单位不少于 5 个。多于 50 件时,每增加 20 件增抽一个单位,应随机抽取。从包装单位抽取核桃样品时,应从不同部位取,每个包装单位取 500 g 以上,作为初样。将所取的核桃初样充分混匀,从中随机分取 2.5 kg 作为平均样品。将平均样品平铺一层呈正方形,按对角线法分成四等份,从每份中随机取 250 g,共计 1 000 g 核桃作为检测样品。

7.3 判定

优等品内一等品率不得超过5%,一等品内二等品率不得超过2%。检验项目有一项不合格时,应加倍抽样,以该项目进行复检,复检结果仍不合格时,则判定该产品不合格。

8 包装、标志、贮藏、运输

8.1 包装

核桃用麻袋包装,每件净重45 kg,装核桃的麻袋要结实、干燥、完整、整洁卫生、无毒、无污染、无异味。提倡用纸箱包装。

8.2 标志

包装袋外应系挂卡片,纸箱上要贴上标签,标明品名、产品标准编号、品种、等级、净重、产地、包装日期、保质期、封装人员姓名或代号等。

8.3 贮藏

核桃产品贮藏的仓库应干燥通风,地面应铺设枕木,防止底部受潮,注意倒垛。核桃入库后要在库房中加强防霉、防虫蛀、防出油、防鼠等措施。

8.4 运输

核桃在运输过程中,严禁雨淋,注意防潮。

参 考 文 献

1 郗荣庭,张毅萍.中国果树志·核桃卷.北京:中国林业出版社,1996.1
2 郗荣庭,张毅萍.中国核桃.北京:中国林业出版社,1992
3 中国农业年鉴编辑委员会.中国农业年鉴.北京:中国农业出版社,2 000
4 罗秀均,魏玉君.优质高档核桃生产技术.郑州:中原农民出版社,2003.1

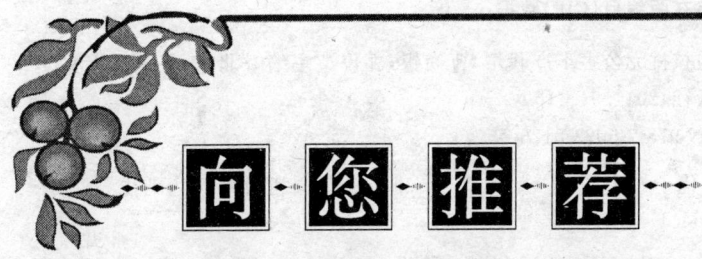

向您推荐

温室蔬菜无公害栽培解疑释难图说系列

温室番茄无公害栽培	13.00
温室黄瓜无公害栽培	12.00
温室茄果类蔬菜无公害栽培	16.00
温室瓜类蔬菜无公害栽培	16.00
温室叶类蔬菜无公害栽培	15.00
温室豆类蔬菜无公害栽培	13.00

注：邮费按书款总价另加 20％

图书在版编目(CIP)数据

优质核桃无公害丰产栽培/曹尚银,郭俊英主编.-北京:科学技术文献出版社,2011.9(重印)

ISBN 978-7-5023-5126-7

Ⅰ.优… Ⅱ.①曹… ②郭… Ⅲ.核桃-果树园艺-无污染技术 Ⅳ.S664.1

中国版本图书馆 CIP 数据核字(2005)第 104816 号

出　版　者	科学技术文献出版社
地　　　址	北京市复兴路 15 号(中央电视台西侧)/100038
图书编务部电话	(010)58882938,58882087(传真)
图书发行部电话	(010)58882868,58882866(传真)
邮 购 部 电 话	(010)58882873
网　　　址	http://www.stdp.com.cn
E-mail:stdph@istic.ac.cn	
策　划　编　辑	袁其兴
责　任　编　辑	王淑青
责　任　校　对	唐炜
责　任　出　版	王杰馨
发　行　者	科学技术文献出版社发行　全国各地新华书店经销
印　刷　者	富华印刷包装有限公司
版 (印) 次	2011 年 9 月第 1 版第 6 次印刷
开　　　本	850×1168　32 开
字　　　数	157 千
印　　　张	6.5
印　　　数	18001~21000 册
定　　　价	10.00 元

ⓒ 版权所有　　违法必究

购买本社图书,凡字迹不清、缺页、倒页、脱页者,本社发行部负责调换。